MIA REUTTER

Schreib MAL WIEDER MIT DER HAND

Wie Sie Ihre Handschrift
neu entdecken, verbessern
und dabei Ihre Persönlichkeit
entwickeln können

Wer gut und lange
leben will,
lebe gut und langsam!

INHALT

Hello Sunshine
Du hast es gut du hast mich
Lass uns morgen tanzen gehen

VORWORT

Unser 21. Jahrhundert ist unverkennbar ein digitales Zeitalter, das betrifft nicht zuletzt die Art, wie wir heutzutage kommunizieren. Längst ersetzen E-Mails, SMS- und Messenger-Botschaften von Hand geschriebene Briefe, Postkarten oder Mitteilungen. Lange schien es, als wäre dies eine unaufhaltsame Entwicklung, an deren Ende das Tippen und Wischen auf glatten Displays die Handschrift überholt und ins Abseits gedrängt hat.

Dem gegenüber steht in jüngerer Zeit ein spürbar zunehmendes Interesse an der Handschrift, das sich in Handlettering-Tutorials, Kursen für das Erlernen einer schönen Schrift, sogar in Werbebotschaften, die wie handgeschrieben wirken, widerspiegelt.

Handschrift liegt im Trend und das aus gutem Grund: Schließlich haben wir alle gelernt zu schreiben und damit einen Teil unserer Persönlichkeit auszudrücken. Warum sollten wir also etwas, das ganz selbstverständlich zu uns gehört, aufgeben?

Wenn Sie zu den Menschen gehören, die dem Schreiben von Hand wieder mehr Aufmerksamkeit widmen und das Aussehen ihrer Handschrift verbessern möchten, dann werden Sie in diesem Buch viele Anregungen, Tipps und Hinweise entdecken, sich mit Ihrer Schrift auseinanderzusetzen und sie ästhetisch und charaktervoll weiterzuentwickeln.

Begleiten Sie sich auf Ihrem Weg zu einer guten Handschrift mit liebevoller Konsequenz und Geduld. Betrachten Sie das Schreiben als kleine, analoge Auszeit, die nur Ihnen gehört. Schreiben bringt uns in Kontakt mit uns selbst, das tut uns gut und gibt unserer Persönlichkeit Raum, sich zu entfalten.

Viel Freude dabei!

Ihr ErinnerDich Smartphone-Wallpaper für eine analoge Auszeit finden Sie in unserer digitalen Bibliothek. Registrieren Sie sich am besten gleich unter *www.topp-kreativ.de/digibib*. Den Freischaltecode dafür finden Sie im Impressum.

PIAE·MEMORIAE
GAVDENTII·ORFALI
CVIVS·DEVOTA·OPER
ANTIQVAE·SYNAGOGA
LAPIDES·SEPTEMTRIONA
ET·QVATTVOR·COLV
IS·RESTITVTAE·SVNT
T·DIEBVS·AB·OPERE·SVO
XII·KAL MAIAS·A·D·MCM
SSV·ARCHEOL·INTERNAT·PLA
TVS·ANTIQVITATIBVS·CVR
P

WOHER KOMMT DIE *Schrift?*

Schreiben ist eine der ältesten Kulturtechniken der Welt. Seit etwa 5000 Jahren tun wir es schon – zunächst in Form von Bildern und Symbolen, später in Schriftsystemen und Alphabeten, die sich rund um die Welt in verschiedensten Varianten ausprägten. Ein kleiner Einblick in die weit verzweigte Entwicklungsgeschichte der Schrift.

VOM BILD ZUM WORT

Die beiden ältesten uns bekannten Schriften sind die Keilschrift der Sumerer und die ägyptischen Hieroglyphen. Schriften im heutigen Sinne, mit aneinandergereihten Buchstaben und Wörtern, sind beide freilich nicht – die Menschen formten ihre Ideen, ihre Gedanken und Gefühle zunächst zu Symbolen.

Das Volk der Sumerer war im Zweistromland Mesopotamien, dem heutigen Irak, sesshaft und betrieb dort Ackerbau und Viehzucht, ein Teil lebte in Städten mit florierender Wirtschaft. Sie pflegten Handelsbeziehungen und verwendeten zur Darstellung von Nutztieren und Waren erstmals vor rund 5000 Jahren kleine Tonstücke mit eingeritzten Zeichen. Aus dieser zunächst stark vereinfachten Bilderschrift entwickelten sich manche Piktogramme über ihre Bedeutung hinaus zu abstrakten Ideen oder Tätigkeiten. Das Zeichen für „Fuß" konnte ebenso die Bedeutungen „gehen", „bringen" oder „Marsch" beinhalten. Die Schreibtechnik war recht aufwändig: Man drückte die Zeichen mit einer Art Griffel keilförmig in feuchten Ton.

Viel entscheidender war aber die Fortentwicklung des Zeichensystems zu phonetischen Klängen, zu Lauten. So konnte etwa das Piktogramm für „Ochse" auch für Wörter oder Silben stehen, die ähnlich klangen. Die Zeichen erhielten eine Lautbedeutung – die Idee der Buchstaben war geboren.

Unabhängig von der Keilschrift entwickelte sich in Ägypten zeitgleich die Hieroglyphenschrift, eine Bilderschrift aus stilisierten Zeichen. Eine Hieroglyphe konnte dabei ein ganzes Wort oder auch nur einen einzelnen Laut symbolisieren. Obwohl die Hieroglyphenerstellung sehr umständlich und zeitraubend war, blieb das Schriftsystem fast 3000 Jahre lang unverändert bestehen.

Sowohl bei den Sumerern als auch bei den Ägyptern beherrschte nur eine relativ kleine Gruppe von Menschen die Schrift, was gesellschaftlichen Rang und Ansehen sicherte.

ERSTE ALPHABETE

Das erste Alphabet aus Lautzeichen entwickelten die Phönizier, ein Seefahrervolk aus dem Gebiet des heutigen Libanons und Syriens. Sie benötigten ein Schriftsystem für ihren Handel, um beispielsweise zu verzeichnen, welche Waren die Schiffe geladen hatten.

Durch enge Handelsbeziehungen zu Ägypten gelangte deren Schriftsystem an die östliche Mittelmeerküste und die Phönizier entwickelten um 1100 v. Chr. auf dieser Grundlage das erste Alphabet, das aus 22 konsonantischen Zeichen bestand, von rechts nach links geschrieben wurde und sich zunehmend von der Bildhaftigkeit löste.

Dieses Schriftsystem breitete sich rasch im Mittelmeerraum aus und wurde die Grundlage für das heutige lateinische, griechische, hebräische und arabische Alphabet.

AUS ALEPH WIRD ALPHA

Um etwa 800 v. Chr. übernahmen die Griechen, ein wichtiger Handelspartner, die phönizische Schrift und entwickelten sie weiter. Lautzeichen, für die sie in ihrer Sprache keine Verwendung hatten, ersetzten sie durch Vokale, die Namen der Buchstaben passten sie der griechische Aussprache an. Der phönizische Buchstabe Aleph, der sich von der stilisierten Darstellung eines Stierkopfes (alef = Rind) herleitet, wurde so zu Alpha, aus Beth wurde Betha – das „Alphabet" war geboren.

𐤀	**alef**	**ↄ**
𐤁	**bet**	**b**
𐤂	**gimel**	**g**
𐤃	**dalet**	**d**
𐤄	**he**	**h**
𐤅	**waw**	**w**
𐤆	**sajin**	**z**
𐤇	**chet**	**ch**

𐤋	**lamed**	**l**
𐤌	**mem**	**m**
𐤍	**nun**	**n**
𐤎	**samech**	**s**
𐤏	**ajin**	**C**
𐤐	**pe**	**p**
𐤑	**sade**	**s**
𐤒	**kof**	**q**

SCHRIFTEN …

Als die Römer ab 500 v. Chr. den Mittelmeerraum eroberten, übernahmen sie auch das griechische Alphabet und passten es ihren Bedürfnissen an. Es enthielt nun 23 Buchstaben und bildete die Grundlage für das lateinische Alphabet, das wir noch heute verwenden.

Es brauchte weitere 1000 Jahre, bis die Römer aus der etruskischen Kapitalschrift ein ausgewogenes Alphabet formten, das rein aus Großbuchstaben bestand: die römische Capitalis Monumentalis, die sie vorwiegend für in Stein gemeißelte Inschriften gebrauchten (siehe Seite 6). Unsere Großbuchstaben, für die wir auch den Ausdruck Majuskel verwenden, gehen auf die Capitalis zurück.
In der Verwaltung benötigten die Römer aber ein Schriftsystem, das sich schnell schreiben ließ. Deshalb entwickelten sie zwei weitere Schrifttypen: die Capitalis Quadrata und die Rustika. Beide wurden mit der Rohrfeder auf Papyrus oder Pergament geschrieben und hielten sich bis in das 6. Jahrhundert n. Chr. als Gebrauchsschriften.

GROSS UND KLEIN

halbunziale

Es wird vermutet, dass der Einfluss byzantinischer Bauformen mit Kuppeln und Rundbögen einen neuen Schrifttypus hervorbrachte: die Römische Unziale mit gerundeten Formen. Aus dem Bedürfnis, immer mehr und schneller zu schreiben, entwickelte sich die „Halbunziale", bei der bereits einige Buchstaben Ober- und Unterlängen aufwiesen – ein erstes Anzeichen für eine Unterscheidung von Groß- und Kleinbuchstaben.

Durch die Ausdehnung des römischen Imperiums und die Christianisierung setzte sich die römische Schrift in ganz Europa durch und verdrängte letztlich auch die in Nordeuropa verbreiteten Runen. Klostergründungen förderten mit ihren Schreibstuben und Bibliotheken die Schreibkultur und kultivierten sie.

Nach dem Untergang des Römischen Reiches gelang es erst unter der Herrschaft Karls des Großen (747-814), in Europa wieder einen einheitlichen Kulturraum zu schaffen.

... IN EUROPA

karolingische minuskel Eine vom Kaiser verordnete Schreibreform bündelte die Halbunziale und deren stilistische Weiterentwicklung durch irische Mönche in eine klare, gut lesbare Schrift mit Ober- und Unterlängen: die Karolingische Minuskel, deren Buchstaben als Vorbilder unserer heute gebräuchlichen Kleinbuchstaben gelten.

textura quadrata Das Mittelalter war in Europa von einer christlichen Weltordnung geprägt. Der Glaube beherrschte das Bewusstsein jener Zeit und Gottesnähe suchte man in Kirchenbauten, die mit ihren Formen dem Himmel zustrebten. Die Spitzbögen der gotischen Architektur lösten die romanischen Rundbögen ab. Diese Entwicklung spiegelt auch die Schrift wider: Die runden Formen der Karolingischen Minuskel wurden in einer vertikal gestreckten Schrift eckig gebrochen. „Textura" nannte man die eng geschriebene Minuskelschrift, die sich von Frankreich ausgehend vor allem in England, Deutschland und Nordeuropa ausbreitete. Ihr Siegeszug wurde von einer bahnbrechenden Erfindung befördert: In Mainz erfand Johannes Gutenberg 1453 den Buchdruck mit beweglichen Lettern. Damit wurde die Textura zum Prototyp der deutschen Druckschriften.

NORD UND SÜD

Humboldfraktur Im ausgehenden Mittelalter verzweigt sich die europäische Schriftgeschichte. In den südlichen Ländern, allen voran Italien, war die düstere, schwere Textura auf wenig Gegenliebe gestoßen. Ausgehend von der Universität in Bologna bildete sich dort die rundgotische Rotunda mit breit laufenden Buchstaben und runden Formen aus. Zusammen mit der in der italienischen Renaissance entwickelten Antiqua-Schrift war sie die Grundlage für die Formgebung der lateinischen Buchstaben in den südlichen Ländern.

Aus der Spätform der Textura entwickelte sich zu Beginn des 16. Jahrhunderts vor allem in den nördlichen und reformierten Ländern die Frakturschrift, die zu den sogenannten gebrochenen Schriften gehört. Über 400 Jahre lang war sie in Deutschland die wichtigste Buch- und Verkehrsschrift.

DEUTSCHE
SCHREIBSCHRIFTEN

Mit der Ausbreitung des Schulwesens seit dem 16. Jahrhundert kam dem Lesen und Schreiben immer mehr Bedeutung zu. Es war nötig geworden, die nur langsam schreibbare Fraktur weiterzuentwickeln, etwa indem man die Groß- und Kleinbuchstaben durch Linien verband.

Auf diese Weise entstand die deutsche Kurrentschrift (lat. currere = laufen), die leichter und schneller zu schreiben war (1). Lange war sie in den Kanzleien und im wirtschaftlichen Alltag in Deutschland die Schrift der Wahl. Ende des 18. Jahrhunderts kam von England eine neue Stilrichtung: die englische Schreibschrift, die mit einer spitzen Stahlfeder geschrieben wurde (2).

Einer der bekanntesten Schrifterneuerer des 20. Jahrhunderts ist Ludwig Sütterlin, dessen Name oft fälschlich für alle deutschen Schreibschriften verwendet wird. Er formte eine Ausgangsschrift, deren vereinfachte Buchstaben senkrecht stehen und legte die Lineatur auf das Verhältnis 1:1 fest. Sütterlins Reformschrift wurde 1915 zunächst an den Schulen in Preußen eingeführt, später auch in anderen deutschen Ländern. Sie prägte die Handschrift der deutschen Bevölkerung bis zu ihrem Verbot im Jahr 1941 (3). Seither schreiben wir in lateinischer Schreibschrift, die sich aus der im Italien der Renaissance entwickelten humanistischen Kursive herausbildete.

1

2

3
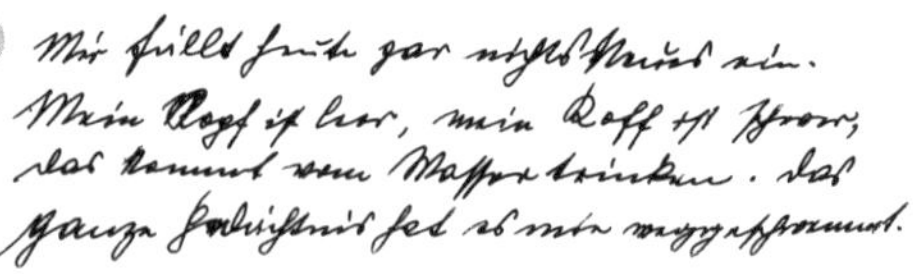

DEUTSCHE

SCHULAUSGANGSSCHRIFTEN

Heutzutage existieren in Deutschland neben der Druckschrift offiziell noch drei verbundene Schreibschriften:

- die in den 1950er-Jahren eingeführte Lateinische Ausgangsschrift

- die Ende der 1960er-Jahre in Ostdeutschland eingeführte Schulausgangsschrift

- die Vereinfachte Ausgangsschrift, die 1972 in der Bundesrepublik als vereinfachte Form der Lateinischen Ausgangsschrift eingeführt wurde.

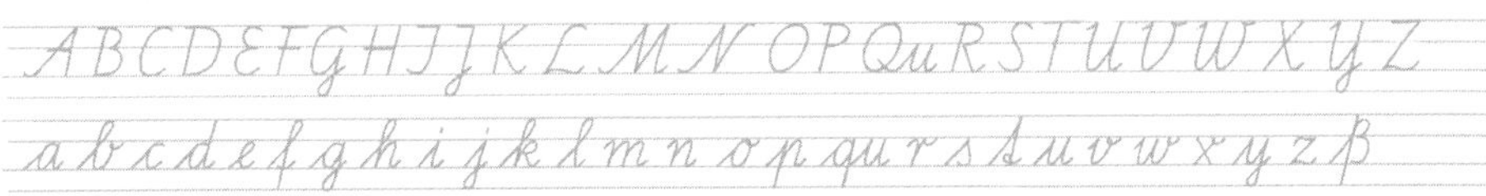

In den meisten Bundesländern geht es mit der Schreibschrift in der zweiten Klasse los. Nachdem die Kinder in der ersten Klasse mit Druckbuchstaben geschrieben haben, lernen sie nun, mit einer der drei verbundenen Ausgangsschriften die Buchstaben innerhalb eines Wortes mit Schleifen und Häkchen zu verbinden. Welche Schrift gewählt wird, dafür gibt es keine verbindlichen Vorgaben. Meist entscheidet die Schule selbst.

Schreiben IST VIEL MEHR

Beim Schreiben reihen wir Buchstabe an Buchstabe auf Papier aneinander – aber Schreiben ist noch viel mehr. Von Hand zu schreiben hilft erwiesenermaßen unserem Kopf beim Denken und Lernen auf die Sprünge. Schreiben bringt Kreativität in unser Leben, und Wörter erhalten Bedeutung und Beständigkeit, wenn wir sie aufschreiben – für uns und für andere.

VON HAND SCHREIBEN

WARUM UNS DAS GUT TUT

Wir sind es gewohnt, einen Großteil unserer Kommunikation digital abzuwickeln: Im geschäftlichen wie im privaten Alltag helfen E-Mails, Messenger-Dienste und Apps dabei, Inhalte festzuhalten und zu vermitteln. Erreichen uns dann aber Nachrichten wie diese, dass Finnland an den Schulen die Schreibschrift abgeschafft hat und es in Deutschland ähnliche Bestrebungen gibt, ist die Aufregung groß.

Momentan üben an bundesdeutschen Schulen die Grundschüler in den ersten zwei Jahren Druckbuchstaben. Bundesweit geltende Bildungsstandards formulieren das Ziel, dass die Kinder am Ende der vierten Klasse zu einer flüssigen und leserlichen Handschrift gefunden haben sollen. Wie sie das tun und mit welcher der drei Schulausgangsschriften (siehe Seite 13), ist nicht verbindlich geregelt, sondern Ländersache.

Inzwischen ist mancherorts sogar als vierte Variante die so genannte Grundschrift erlaubt, eine Weiterentwicklung der Druckbuchstaben, bei der geübt wird, zwischen einzelnen Buchstaben Verbindungen herzustellen. Jedes Kind entscheidet selbst, welche Schwünge und Verbindungen es dabei verwendet.

Kritiker sehen in dieser Beliebigkeit eine Überforderung der Kinder, zudem bemängeln sie, dass beim Schreiben von Druckbuchstaben kein Schreibfluss entstehen kann. Die Folge: angestrengte Kinder, deren „holpernde" Handschrift sich zur Ideenbremse und zum Motivationskiller entwickelt.

Fachleute wie die Pädagogin Maria-Anna Schulze Brüning beobachten seit längerem, dass sich die Handschrift ihrer Schüler zunehmend verschlechtert. In ihrem 2017 mit Co-Autor Stephan Clauss verfassten Buch „Wer nicht schreibt, bleibt dumm" legt sie die vielen Vorteile dar, die das fundiert eingeübte Handwerkszeug „Schreiben" mit sich bringt. Sie vertritt die These, dass jedes Kind das Recht auf eine flüssige, gut lesbare Handschrift habe. In der Praxis sei aber das Bewusstsein darüber, dass dies systematisch gelehrt und geübt werden muss, leider nicht mehr vorhanden.

Schreiben ist viel mehr als das bloße Aneinanderreihen von Buchstaben auf Papier. Die Handschrift, deren Basis wir als Kind angelegt haben, wird uns ein Leben lang begleiten. Im Idealfall funktioniert sie wie ein gut eingeübtes Instrument und wir nutzen sie mühelos. Ist aber die Hand ungenügend trainiert und fehlt das Gefühl für Größe und Abstände, produzieren wir „schiefe Töne", sprich Buchstaben. Das Schreiben bindet zu viel Aufmerksamkeit und wird mühsam.

Genau hier können wir ansetzen, denn eine schöne Handschrift ist kein Geschenk des Himmels. Sie kann erworben und entwickelt werden. In Kapitel 4 „Schöner schreiben" finden Sie viele Anregungen, Tipps und Hinweise, wie Sie sich auf Ihrem Weg zu einer guten Handschrift mit liebevoller Konsequenz und Geduld selbst begleiten können.

> *Leserlichkeit ist die Höflichkeit der Handschrift.*
>
> FRIEDRICH DÜRRENMATT

SCHREIBEN IST
EIN DENKWERKZEUG

„Einmal geschrieben ist so gut wie zehnmal gelesen", sagt ein Sprichwort. Haben Sie nicht auch schon die Erfahrung gemacht, dass Sie sich Inhalte besser merken konnten, wenn Sie handschriftliche Notizen angefertigt hatten? Des Rätsels Lösung: Der Weg vom Kopf über die schreibende Hand aufs Papier gibt den Gedanken ausreichend Zeit, sich im Gehirn zu verankern. Anders ist es, wenn wir tippen: Da sehr viele Menschen schneller tippen, als sie denken können, bleibt während des Schreibens weniger hängen.

In einer breit angelegten Studie mit sechs- bis neunjährigen Kindern an der Universität von Washington hat die Psychologin Virginia Berninger untersucht, wie sich geschriebene Sprache auf das Planen und Lernen auswirkt. Sie ließ die Kinder von Hand mit Druckbuchstaben und Schreibschrift sowie auf der Tastatur schreiben. Ihr Ergebnis: Kinder, die von Hand schrieben, brachten in einem vorgegebenen Zeitrahmen etwa gleich viele Wörter zu Papier wie Kinder, die tippten. Allerdings waren ihre Texte kreativer, sie kamen leichter auf Ideen und behielten Informationen besser.

Was das bedeutet? Nicht nur Kinder, auch Erwachsene haben mit der Handschrift immer und überall ein wichtiges Denkwerkzeug und eine prima Gedächtnisstütze parat – das sollten wir nicht vergessen!

Das Schreiben von Hand ist ein komplexes Unterfangen, das belegen neuere Erkenntnisse aus der Neurowissenschaft. Über die Feinmotorik aktiviert es ganzheitlich unser Gehirn und löst in einer „Gedächtnisspur" Verknüpfungen und Prozesse aus, die es beim Tippen auf der Tastatur nicht gibt. Das Schreiben hinterlässt gewissermaßen, wie beim Brennen einer CD, Spuren auf unserer kopfeigenen Festplatte, die wir später leichter wieder abrufen können.

> *Schreiben ist die Art, wie wir lernen, was wir denken.*
>
> VIRGINIA BERNINGER

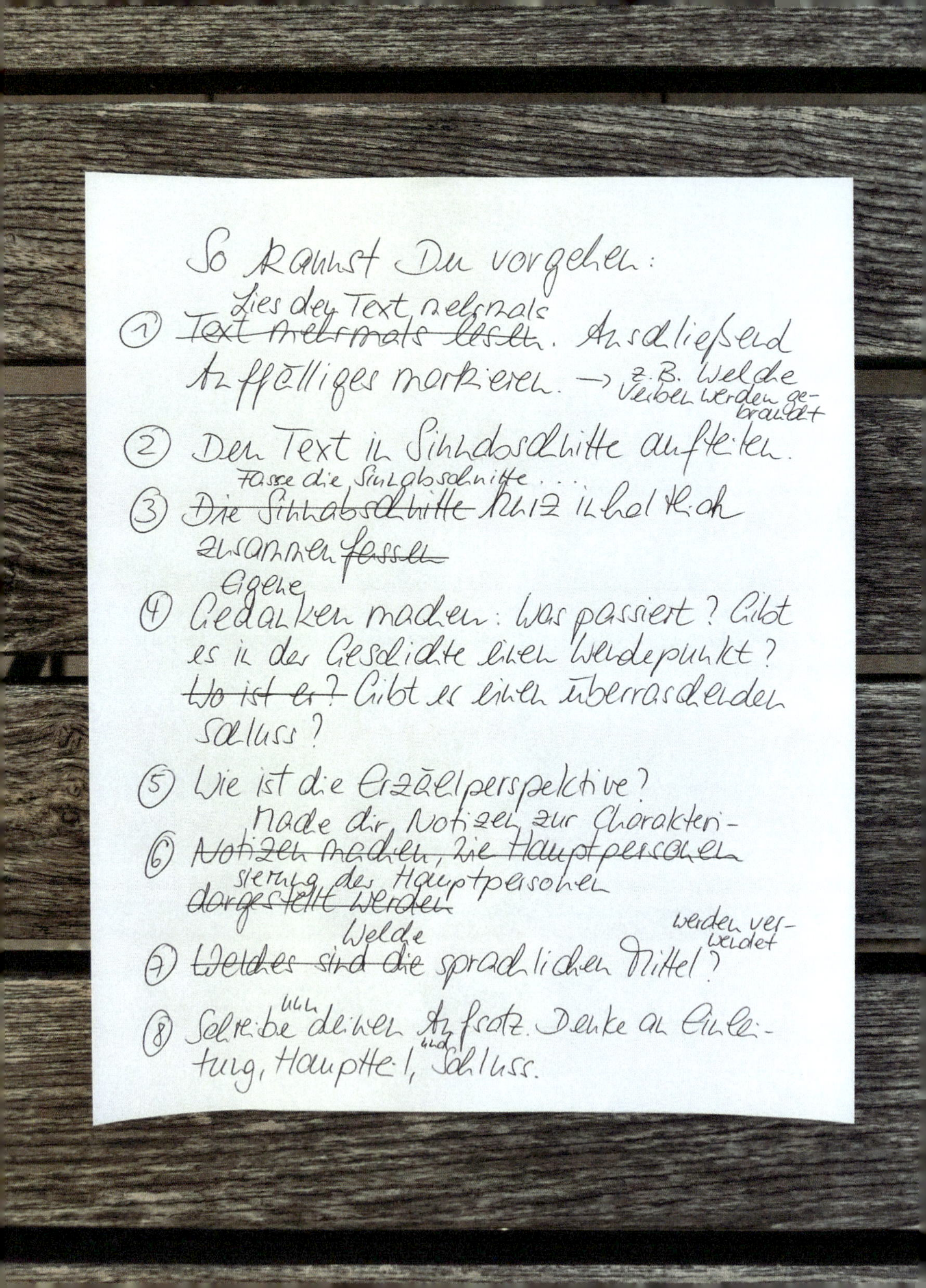
So kannst Du vorgehen:
① Lies den Text mehrmals ~~Text mehrmals lesen~~. Anschließend Auffälliges markieren. → z.B. Welche Verben werden gebraucht
② Den Text in Sinnabschnitte aufteilen.
③ Fasse die Sinnabschnitte … ~~Die Sinnabschnitte~~ kurz inhaltlich zusammen ~~fassen~~
④ Eigene Gedanken machen: Was passiert? Gibt es in der Geschichte einen Wendepunkt? ~~Wo ist er?~~ Gibt es einen überraschenden Schluss?
⑤ Wie ist die Erzählperspektive?
⑥ Mache dir Notizen zur Charakterisierung der Hauptpersonen ~~Notizen machen, wie Hauptpersonen dargestellt werden~~
⑦ Welche ~~Welches sind die~~ sprachlichen Mittel werden verwendet?
⑧ Schreibe nun deinen Aufsatz. Denke an Einleitung, Hauptteil und Schluss.

SCHREIBEN IST

EIN SPRUNGBRETT ZUR KREATIVITÄT

Sie bringen es fertig, aus Buchstaben und Wörtern ganze Welten entstehen zu lassen, während wir alles um uns herum vergessen – dafür bewundern wir die Autorinnen und Autoren unserer Lieblingsbücher. Meist machen wir uns keine Gedanken darüber, wie diese Texte wohl entstehen. Wir nehmen an, dass sie am Computer getippt werden, mit Rechtschreib- und Korrekturfunktionen immer auf den aktuellsten Stand gebracht.

Dabei gibt es unter den Schriftstellern nicht wenige, die ihre Manuskripte zuerst von Hand schreiben. Eine von ihnen ist Cornelia Funke, die Kinder- und Jugendbuchautorin von Bestsellern wie der Tintenwelt- oder der Reckless-Trilogie. Die erste Fassung jedes ihrer Bücher bringt sie zunächst handschriftlich zu Papier. Warum sie das tut?

„Man arbeitet mit der Hand natürlich wesentlich unzensierter als mit dem Computer, weil die Handschrift einem sehr bewusst macht, dass man einen ersten Entwurf zu Papier bringt", sagte sie in einem Interview 2014 mit der Frankfurter Allgemeinen Zeitung. „Eine fließende Handschrift bringt die Gedanken zum Fliegen."

Schreiben ohne Schere im Kopf beflügelt unsere Fantasie. Wir sind freier, wagemutiger. Beim Tippen am Computer sind wir versucht, Textstellen, die uns nicht gefallen, sofort zu verbessern oder zu löschen. Das zuvor Geschriebene ist damit verloren. Anders bei einem handschriftlichen Text: Wir können unsere Korrekturen auch später noch nachvollziehen und finden womöglich die ursprüngliche Fassung doch besser.

> *Schreiben ist Denken mit den Fingerspitzen.*

SCHREIBEN IST
PERSÖNLICHKEITSENTWICKLUNG

Wenn wir schreiben, fügen wir Zeichen und Formen zu einem individuellen Schriftbild zusammen, das nur wir selbst auf diese Art und Weise erzeugen können. Das ist die eine Seite der Medaille – die andere ist, dass mache Menschen das Gefühl haben, ihre Handschrift habe nicht mit der Entwicklung ihrer Persönlichkeit Schritt gehalten. Ob es an mangelnder Schreibroutine liegt oder möglicherweise daran, dass eine verbundene Schreibschrift nie richtig erlernt wurde – vorherrschend ist das Gefühl: Meine Handschrift passt nicht zu mir.

Glücklicherweise ist eine Handschrift nichts Starres, für alle Ewigkeiten Festgelegtes. In diesem Buch werden Sie viele Möglichkeiten entdecken, sich mit Ihrer Schrift auseinanderzusetzen und sie weiterzuentwickeln. Der Schlüssel dazu ist: Sie müssen es wollen. Dann stehen die Chancen gut, denn unser kognitives Veränderungspotenzial ist hoch, auch dann noch, wenn wir älter werden. Wenn wir das Gefühl haben, wir nehmen die Dinge selbst in die Hand, verändern wir uns leichter.

Fangen Sie am besten heute noch damit an! Veränderung beginnt bei den Aufgaben, die wir uns stellen und die wir bewältigen. Eignen Sie sich mit Hilfe dieses Buchs die Fähigkeiten und Kompetenzen an, Ihre Schrift zu verbessern. Schreiben macht uns bewusst, wer wir sind, das ist eine wunderbare Gelegenheit, sich weiterzuentwickeln und mehr zur eigenen Mitte zu finden. Und wenn Sie dann am Ziel sind, werden Sie feststellen, dass sich mit einer mühelosen, Ihrer Persönlichkeit entsprechenden Handschrift ganz von selbst Selbstbewusstsein und Ausgeglichenheit einstellen.

» *Oft ist das Denken schwer,*
indes, das Schreiben geht auch ohne es.

WILHELM BUSCH

SCHREIBEN IST
WERTSCHÄTZUNG

Von Hand zu schreiben mutet in unserem digitalen Zeitalter fast schon antiquiert an. Lieber versenden wir E-Mails, schicken elektronische Postkarten durchs Datennetz und tippen rasch Nachrichten auf dem Smartphone. Natürlich haben diese Formen der Kommunikation ihre Daseinsberechtigung, aber, wenn wir ehrlich sind, wollen wir damit vor allem eines: effektiv sein und Zeit sparen.

Demgegenüber verspüren wir immer öfter eine Sehnsucht nach Echtheit, nach dem wahren Wert von Dingen. Wir gehen wandern, um uns und die Natur mit allen Sinnen wahrzunehmen, wir entwickeln ein Bewusstsein für gesunde Lebensmittel, wir legen Prioritäten und Werte fest, die uns im Leben wichtig sind und Sinn machen.

Beziehungen zu anderen Menschen können so ein Grundwert sein. Schon ein offenes Lächeln kann ein Band zum Gegenüber knüpfen. Aber ein Lächeln ist flüchtig, während die handgeschriebene Botschaft an die nette Nachbarin, den hilfsbereiten Kollegen, die liebe Freundin oder den Herzensmenschen Bestand hat und dem Adressaten das gute Gefühl vermittelt, etwas Besonderes zu sein.

Zu schreiben bedeutet also, anderen gegenüber, aber auch für uns selbst Wertschätzung aufzubringen. Das klassische Beispiel: ein Tagebuch. Wir bringen Ereignisse, Gedanken, Gefühle und Erinnerungen zu Papier, die nur uns selbst gehören – und kommen uns dadurch näher. Schon, wenn wir den Stift zur Hand nehmen, sortieren wir unbewusst, welche Dinge es wert sind, festgehalten zu werden. Dieser Prozess der Annäherung und Auseinandersetzung ist eine wertschätzende Haltung uns selbst gegenüber, die wir mit dem Stift in der Hand beginnen und beim Schreiben vertiefen.

» *Ich schreibe dir einen langen Brief,*
weil ich keine Zeit habe,
dir einen kurzen zu schreiben.

JOHANN WOLFGANG VON GOETHE

10 GUTE GRÜNDE

MIT DER HAND ZU SCHREIBEN

1 SCHREIBEN IST EINE KULTURTECHNIK

Schrift ist ein Kulturgut, Schreiben eine Kulturtechnik. Über Jahrtausende hinweg haben sich Menschen Schriftzeichen angeeignet, verbessert, verfeinert. Warum sollten wir ein so gut funktionierendes Kommunikationsmittel aufgeben?

2 DIE HANDSCHRIFT IST UNVERWECHSELBAR

Jede Handschrift ist einzigartig und individuell. Sie ist Ausdruck unserer Persönlichkeit, sie spiegelt unseren Charakter wider. Im weitesten Sinne ist sie eine Körpersprache – wie die Mimik, die Gestik oder der Gang.

3 SCHREIBEN HILFT DEM DENKEN

Studien weisen darauf hin, dass Menschen, die eine verbundene Schreibschrift beherrschen, sich sowohl Texte besser merken als auch ihren Sinn besser erfassen können. Sie sind zudem feinmotorisch versierter und zeigen im Aufbau eines Textes eine höhere Kompetenz als Computer- oder Smartphone-Tipper.

4 WER SCHREIBT, LERNT BESSER

Von Hand zu schreiben hinterlässt erwiesenermaßen wie auf einer Festplatte Gedächtnisspuren in unserem Gehirn. Machen wir uns beispielweise handschriftliche Notizen zu einem bestimmten Lernstoff, hat er genug Zeit, sich in unserem Kopf zu verankern.

5 SCHREIBEN MACHT KREATIVER

Eine große Studie mit Kindern an der Universität von Washington hat gezeigt, dass Geschichten, die von Hand aufgeschrieben wurden, kreativer verfasst waren als die Texte, die am Computer getippt wurden. Der Stift ist dabei der direkte Draht zu unserem Gehirn. Fantasie und Vorstellungskraft werden nochmals gesteigert.

6 WER SCHREIBT, VERSTEHT BESSER

Nicht nur, dass sich von Hand Geschriebenes besser im Gehirn verankert, wir „verinnerlichen" es auch gleichzeitig. In demselben Moment, in dem unsere Hand zum Stift greift, „be-greifen" wir auch besser, was wir aufschreiben.

7 SCHREIBEN BRINGT DIE SACHE AUF DEN PUNKT

Wenn wir von Hand schreiben, wählen wir unsere Worte bewusster. Das wiederum setzt voraus, dass wir uns vorher genauer überlegen und fokussieren, was wir zu Papier bringen möchten. Wir werden strukturierter und effizienter.

8 SCHREIBEN IST KEIN KUNSTPROJEKT

Das Gute am Schreiben von Hand ist: Wir können es jederzeit und überall tun. Dabei müssen wir keine kalligraphischen Gestaltungen oder kunstvollen Handletterings abliefern. Auch diese Schriftgestaltungen haben ihren Platz – als Projekte für kreative Auszeiten. Handschrift im Alltag kann trotzdem eine Mini-Meditation sein: Achtsames Schreiben statt achtlosen Hinkritzelns macht aus einem simplen Notizzettel ganz von selbst ein kleines Glanzstück.

9 SCHREIBEN IST WERTSCHÄTZUNG

Handgeschriebene Grüße, Einladungen oder kleine Botschaften betonen den persönlichen Mitteilungscharakter der Information. Sie vermitteln dem Empfänger das Gefühl, ganz speziell für ihn angefertigt worden zu sein.

10 SCHREIBEN MACHT GLÜCKLICH

Die eigene Handschrift als etwas Eigenes, ganz Besonderes wahrzunehmen, wirkt sich positiv auf das eigene Selbstbild aus. Durch einfache Maßnahmen und etwas Übung kann jede und jeder am Aussehen und der Leserlichkeit seines Schriftbildes arbeiten (siehe Seite 56ff.).
Und wenn Sie erst einmal in den „Flow" des Schreibens gekommen sind, werden Sie merken, wie sich ganz von selbst Zufriedenheit und Ausgeglichenheit einstellen.

Meine drei wichtigsten Gründe, wieder mehr von Hand zu schreiben:

1 ____

2 ____

3 ____

Schrift und Persönlichkeit

Die Handschrift eines Menschen ist unverwechselbar. Beim Schreiben setzen wir Formen und Zeichen zu einem individuellen Schriftbild zusammen, das Ausdruck unserer Persönlichkeit ist. Unsere Handschrift ist eine Sprache des Körpers, aus der sich ablesen lässt, wer wir sind – wie wir im Leben stehen, wie wir uns in soziale Strukturen einfügen, was uns geprägt hat.

Wenn Sie wissen möchten, was Ihre Handschrift über Sie verrät, finden Sie in diesem Kapitel womöglich überraschende Antworten.

GRAPHOLOGEN

DEUTER DER HANDSCHRIFT

Zeige mir, wie du schreibst, und ich sage dir, wer du bist – so könnte man ein wenig plakativ das Berufsbild der Graphologen oder Schriftpsychologen erklären. Als Wissenschaft hat sich die Graphologie in den letzten 100 Jahren in Deutschland entwickelt und etabliert. Eine Handschriftenanalyse erlaubt ausgebildeten Graphologen recht zuverlässige Aussagen über die Gesamtpersönlichkeit und die soziale Kompetenz des Schreibenden.

Lange Jahre war die graphologische Begutachtung eines handgeschriebenen Lebenslaufs fester Bestandteil des Bewerbungsverfahrens für Arbeitssuchende. Im Zeitalter von Online-Bewerbung und Assessment-Center sehen die meisten Firmen inzwischen davon ab, trotzdem gilt eine gute Handschrift auch im Berufsalltag als Visitenkarte.

Neben der Arbeit für Firmen erstellen Graphologen heute vor allem Expertisen in der Kinder- und Jugendpsychologie. Sie sind aber auch von Privatleuten gefragt, wenn es bei so genannten Partnerschaftsgutachten um die Beurteilung einer Beziehung geht.

Wie Sie sich selbst graphologische Grundkenntnisse aneignen und damit Rückschlüsse von Ihrer Handschrift auf Ihre Persönlichkeit ziehen können, zeigt der graphologische Grundkurs auf den nächsten Seiten.

> *»Gewiss, nicht alles verrät die Schrift, aber das Wesentlichste eines Menschen, gleichsam die Essenz seiner Persönlichkeit wird uns doch gegeben in einer winzigen Abbreviatur.*
>
> STEPHAN ZWEIG

DREI SCHREIBZONEN

ZWISCHEN HIMMEL UND ERDE

Wenn wir schreiben, bewegen sich unsere Buchstaben in drei Zonen: Die Kleinbuchstaben befinden sich in der Mittelzone, große Anfangsbuchstaben sowie Ober- und Unterlängen in der Ober- bzw. Unterzone. Aus Sicht der Graphologen symbolisieren diese Schreibzonen wie ein Mikrokosmos den Raum, in dem wir uns bewegen.

Dabei steht die Mittelzone für das Ich des Schreibenden, für seine Seele. Die Oberzone repräsentiert das Geistige, die Fantasie, während die Unterzone mit dem Körperlichen und Materiellen verknüpft wird.

So, wie sich unsere Schrift zwischen den Schreibzonen bewegt, so schwingen auch wir zwischen den drei Polen Seele, Geist und Körper.

IHRE HANDSCHRIFT

SO EINZIGARTIG WIE SIE SELBST

Unsere Handschrift ist unverwechselbar. Das heißt aber nicht, dass sie statisch ist – sie kann sich im Laufe unseres Lebens immer wieder ändern. Mit zehn Jahren schreiben wir ganz anders als mit sechzehn oder mit sechsunddreißig. Je mehr wir zu der individuellen Persönlichkeit heranreifen, die mitten im Leben steht, desto mehr wird unsere Handschrift zum Spiegelbild unseres Selbst.

Heute schreiben wir meist nicht mehr viel von Hand. Wir sind aus der Übung, unsere Schrift erscheint uns deshalb oft ungelenk und unattraktiv. Trotzdem ist das Schreiben eine Fertigkeit, die wir alle besitzen – und es lohnt sich, diese wieder zum Leben zu erwecken! Denn die Handschrift ist unsere ganz eigene Sprache, mit der wir der Welt zeigen, wer wir sind.

SCHRIFT ENTWICKELT SICH

Erinnern Sie sich noch? Schreiben zu lernen war für die meisten von uns ein Abenteuer. Wie stolz waren wir auf unsere ersten geschriebenen Wörter!

Unsere Handschrift begleitete uns durch unsere gesamte Schulzeit. Wir wuchsen, wurden älter und reifer – und unsere Schrift wuchs mit, entwickelte sich, ließ irgendwann erste charakteristische Formen erkennen, die sie heute noch prägen.

Ihre Schrift ist ein Ausdruck Ihrer Individualität. Auch wenn Sie meinen, sich gut zu kennen, gibt es vielleicht Aspekte Ihrer Persönlichkeit, die Ihnen weniger bewusst sind. In der Art und Weise, wie wir schreiben, offenbaren wir unser Selbst – mit allen liebenswerten Eigenschaften, Ecken und Kanten. Buchstaben lügen nicht. Tauchen Sie auf den folgenden Seiten tiefer in die Geheimnisse der Handschrift ein und entdecken Sie sich dabei vielleicht in einem neuen Licht!

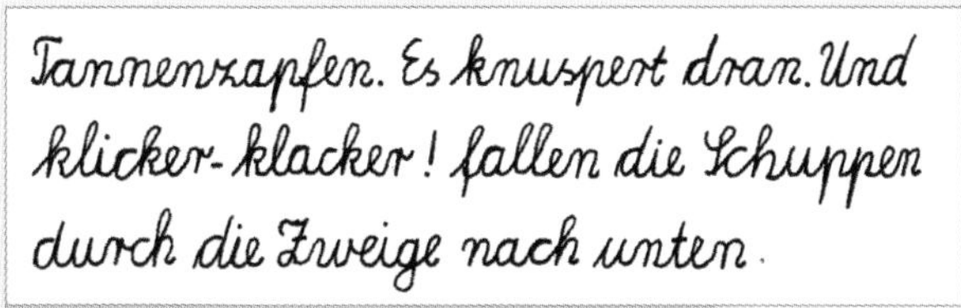

Schrift eines Mädchens im Grundschulalter

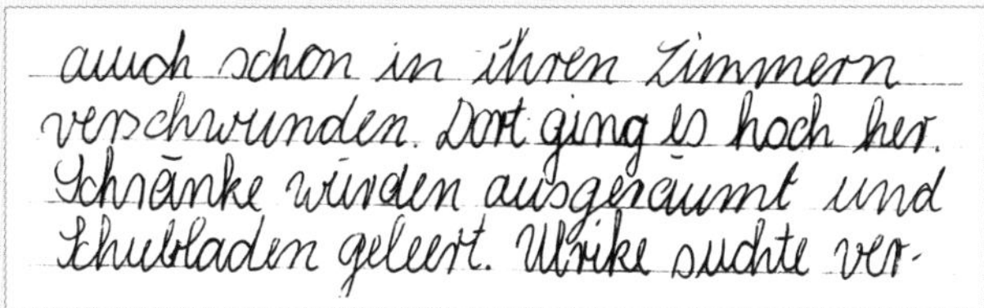

Dasselbe Mädchen, 10 Jahre alt

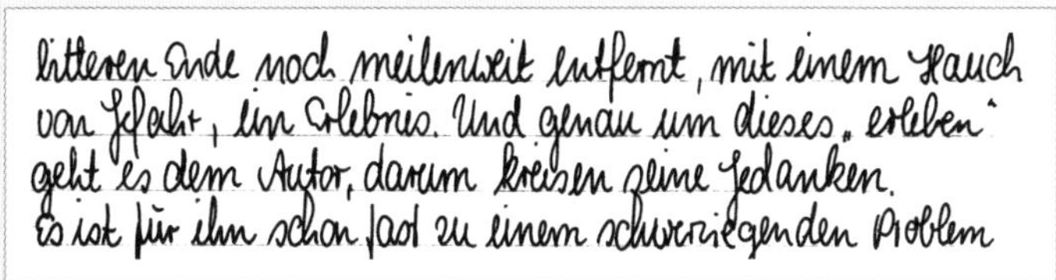

Schriftbeispiel aus der Oberstufe, 17 Jahre

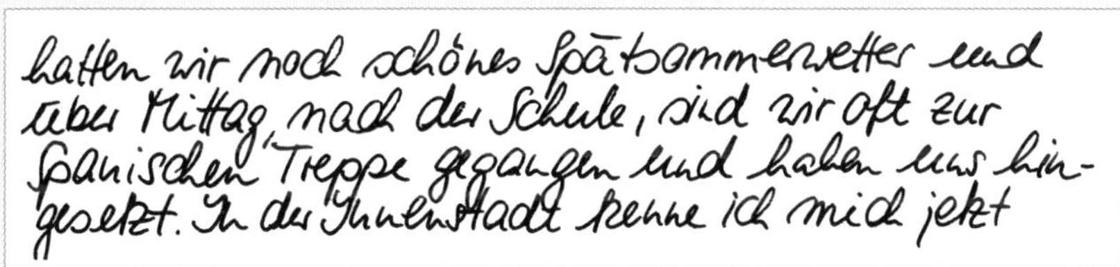

Junge Erwachsene, 24 Jahre

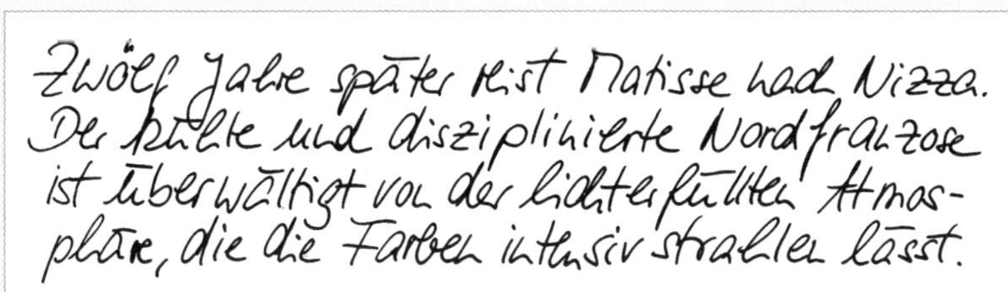

Ausgeformte Handschrift, 40 Jahre alt.

DER ERSTE EINDRUCK

Wenn wir schreiben, entsteht nach und nach aus einzelnen Wörtern, Sätzen und Zeilen ein Ganzes: unser individuelles Schriftbild. Stellen Sie sich vor, Sie betrachten ein Bild im Museum – ganz unbewusst verschaffen Sie sich zunächst einen ersten Überblick über das Dargestellte. Ist das Bild klar gegliedert und übersichtlich? Welche Formen sehen Sie? Welche Formen von Bewegung können Sie erkennen? Welche Art der Strich- oder Pinselführung?

Auf ganz ähnliche Art und Weise unterziehen auch Graphologen das Schriftbild einer ersten Untersuchung. Zum Gesamteindruck zählen demnach:

- DAS RAUMBILD: Ist die Schrift weit oder eng, steil oder geneigt, klein oder groß? Verlaufen die Zeilen auf einer gleichbleibenden Grundlinie? Wie sieht der Zeilenabstand aus? Werden Ränder eingehalten?
- DAS FORMBILD: Ist die Schrift regelmäßig oder unregelmäßig, üppig oder mager, reduziert oder formenreich?
- DAS BEWEGUNGSBILD: Ist die Schrift lebhaft oder stockend? Verbunden oder unverbunden? Wird sehr stark aufgedrückt oder „gleitet" die Schrift?
- DAS STRICHBILD: Sehen wir lockere oder feste Striche? Ist der Eindruck eher schwammig oder klar?

Erst aus vielen einzelnen Auswertungen von Schriftmerkmalen ergibt sich ein Bild der Persönlichkeit des Schreibers oder der Schreiberin. Deshalb Vorsicht: Einzelne Merkmale wie etwa betonte Ober- oder Unterlängen lassen noch kein endgültiges Urteil über den Charakter zu.

> »*Die Schrift hat das Geheimnisvolle, dass sie redet.*
>
> PAUL CLAUDEL

SCHRIFT UND RAUM

In der Graphologie bezeichnet das Raumbild die Art und Weise, wie sich die Schrift auf einem Blatt Papier abbildet.

DIE NEIGUNG

RECHTSAUSRICHTUNG

Menschen, deren Handschrift eher nach rechts ausgerichtet ist, zeigen sich kontaktfreudig, verbindlich und offen. Mit einer nach rechts tendierenden Schräglage denkt ein Mensch vorwärts und wendet sich dem „Du" zu.

LINKSAUSRICHTUNG

Eine nach links ausgerichtete Handschrift deutet eher auf eine Ichbezogenheit des Schreibenden hin. Häufig sind solche Menschen eher introvertiert. Intuition und Empfindungen nehmen einen großen Platz in ihrem Leben ein. Sie gehen Konflikten lieber aus dem Weg und wirken manchmal unnahbar.

STEIL

Wer steil und gerade schreibt, zeigt als Persönlichkeit ebenfalls eine geradlinige Haltung: deutlich, klar, unabhängig, aufrichtig. Steil schreibende Menschen verfügen in der Regel über ein gesundes Selbstbewusstsein und kennen ihren Wert. Sie stehen mit beiden Beinen fest auf dem Boden und behalten meist den Überblick.

Da bei diesen Menschen der Verstand klar über das Gefühl dominiert, lassen sie Emotionen und Gefühlsausbrüche in ihrem Leben möglichst nicht oder nur sehr ungern zu – sie möchten sich keine Blöße geben.

Wie immer können Sonderformen, also eine extreme Rechts- oder Linksneigung der Schrift, Anzeichen für auffällige Persönlichkeitsmerkmale sein. Liegen die Buchstaben fast waagerecht, hat der Schreibende oft im wahrsten Sinne des Wortes den Halt und den Blick für andere verloren.

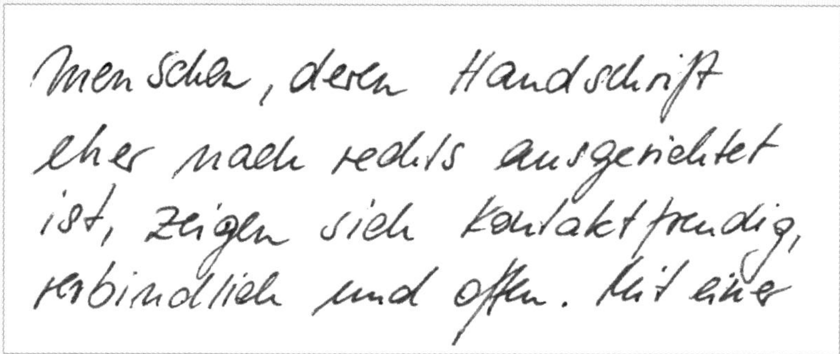

Rechtsausrichtung

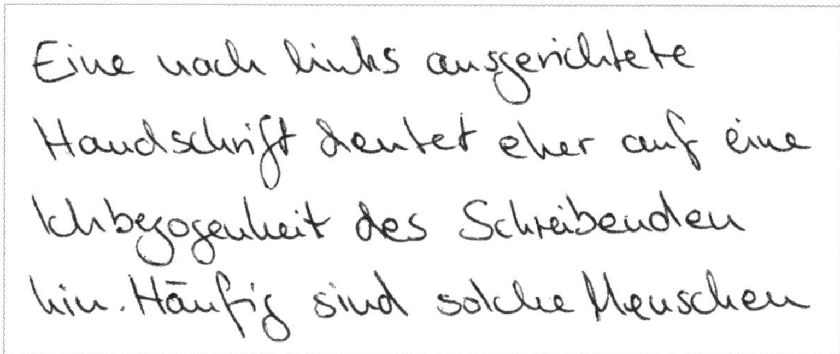

Linksausrichtung

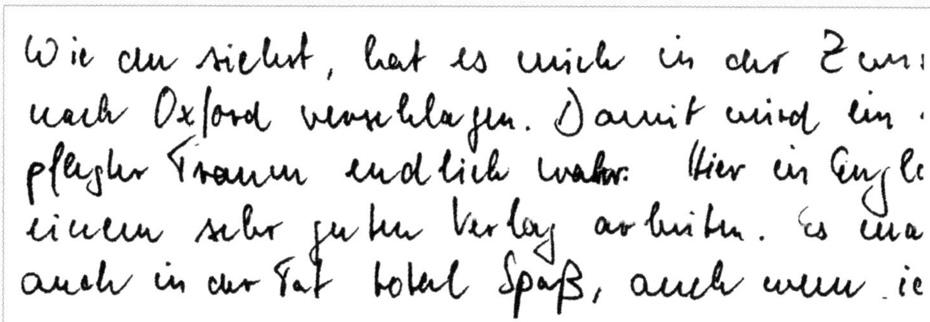

Steil oder gerade

DIE SCHRIFTGRÖSSE

Von einer normal großen Schrift spricht man, wenn die Buchstaben der Mittelzone etwa drei Millimeter und die Großbuchstaben zwischen sieben und neun Millimetern hoch sind.

GROSSE SCHRIFT

Reichen die Kleinbuchstaben über die Mittelzone hinaus und sind auch die Ober- und Unterlängen größer als normal, haben wir es mit einer großen Schrift zu tun. Hinter „Großschreibern" stecken oft sehr selbstbewusste Personen, die gerne im Mittelpunkt stehen. Sie brauchen Platz, im Leben ebenso wie auf dem Papier. Was andere von ‚ihnen halten, ist ihnen weitestgehend egal – sie handeln gerne auch einmal impulsiv und stecken voller Tatendrang.

Eine extrem große Schrift kann allerdings auch auf Persönlichkeitsaspekte wie Arroganz und Überheblichkeit hinweisen. Diese Menschen neigen dazu, ihre Mitmenschen mit ihrem Verhalten zu „überfahren".

KLEINE SCHRIFT

Eine kleine bis winzige Schrift finden wir oft bei Menschen, die wissenschaftlich tätig sind, beispielweise in Berufsfeldern, die mit Mathematik oder Ingenieurwesen zu tun haben. Wer klein und akkurat schreibt, verrät damit seine Vorliebe, gerne ins Detail zu gehen. „Kleinschreiber" suchen nicht die große Bühne, sondern bleiben lieber im Hintergrund. Dabei haben sie einen ausgeprägten Sinn für die Realität und können nüchtern urteilen.

Manchmal weist eine kleine Schrift auch in Richtung eines mangelnden Selbstwertgefühls, verbunden mit Ängsten und Unsicherheit.

» *Schreibe, wie du redest,*
so schreibst du schön.

GOTTHOLD EPHRAIM LESSING

ENGE UND WEITE SCHRIFT

ENGES SCHRIFTBILD

Ein eng stehendes Schriftbild weist auf eine Persönlichkeit hin, die sich gut im Griff hat und mit Bedacht agiert. Risikobereitschaft und Spontaneität liegen ihr fern. Jede Entscheidung wird mit ihren Vor- und Nachteilen sorgfältig abgewogen. Zurückhaltung und Vorsicht können aber auch in die Angst münden, etwas Falsches zu tun. Nicht selten deutet eine enge Schrift darauf hin, dass der Schreibende sozusagen auf der Stelle tritt und dazu neigt, an Dingen festzuhalten – auch wenn sie ihm nicht gut tun.

WEITES SCHRIFTBILD

Wer über ein weites Schriftbild verfügt, offenbart eine dynamische Persönlichkeit, die rasch vorankommen möchte. Sie ist unternehmungslustig, gesellig, offen für Neues und hält sich ungern mit Kleinigkeiten auf. „Weitschreiber" setzen sich oft ehrgeizige Ziele und packen ohne große Umstände schwierige Aufgaben an. Manchmal werden die Kräfte nicht gut eingeteilt – dann kommt es zu Ungenauigkeit und ungeduldigem Verhalten.

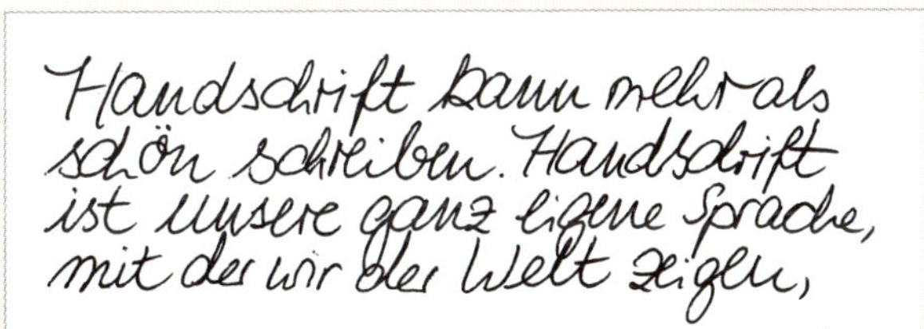

enges Schriftbild

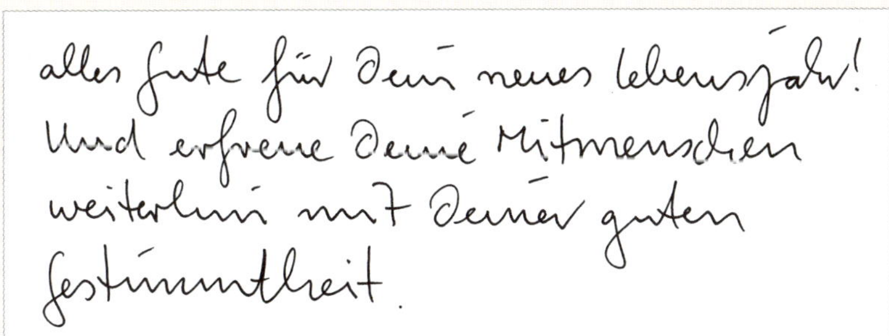

weites Schriftbild

WORTABSTÄNDE

Aus den Wortabständen können wir ablesen, wie es um unser Kontaktbedürfnis zu anderen Menschen steht. Als „normal" gilt ein Abstand, der zwischen den einzelnen Wörtern etwa die Breite eines Buchstabens beträgt.

GROSSER WORTABSTAND

Wer seine Worte mit großem Abstand zueinander setzt, ist eher reserviert und zeigt so seine Bemühung, andere auf Distanz zu halten.

ENGER WORTABSTAND

Wenn Worte sehr eng zusammenstehen, deutet dies auf eine Persönlichkeit, die viel Wert auf menschliche Nähe und Kontakte legt. Das kann unter Umständen so weit gehen, dass dieser Mensch nicht alleine sein kann und in seinem Umfeld zu distanzlosem Verhalten neigt.

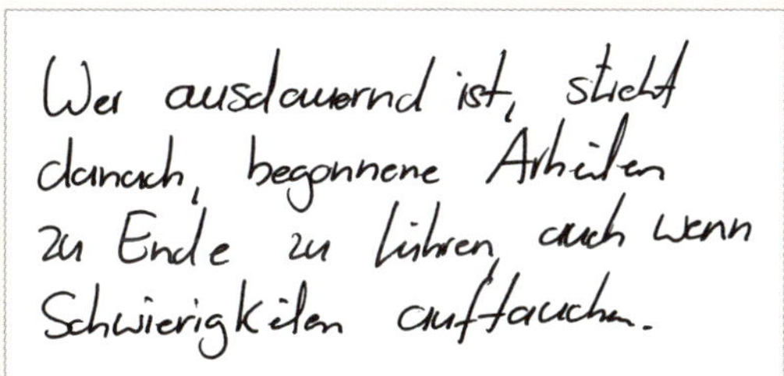

großer Wortabstand

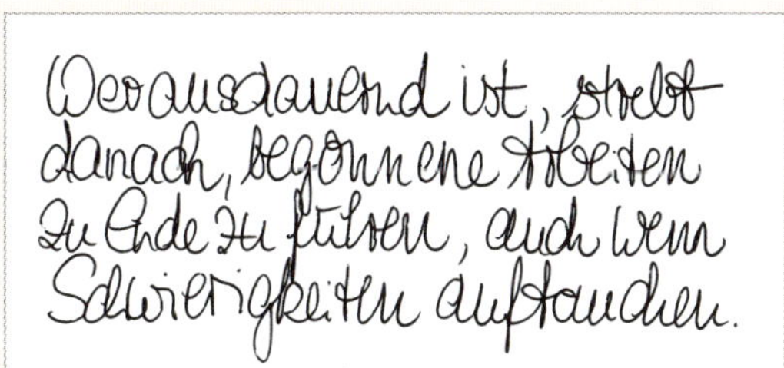

enger Wortabstand

DIE GRUNDLINIE

Wir alle lernen als Kinder das Schreiben auf einer waagerechten Linie – zunächst mit vorgegebenen Lineaturen. Trotzdem kann später kein Mensch exakt waagerecht und mit absolut gleichem Zeilenabstand schreiben, außer er verwendet ein untergelegtes Linienblatt. Unsere Schrift ist eben nicht genormt, sondern trägt auch immer unsere Erfahrungen und Lebenseinstellungen in sich. Für die Graphologen gibt der Zeilenverlauf Aufschluss über die innere Auseinandersetzung des Schreibenden mit seinem Verstand und seinen Emotionen.

GERADER ZEILENVERLAUF

Ein überwiegend gerader Zeilenverlauf auf einer imaginären Grundlinie lässt auf eine planvoll denkende und handelnde Persönlichkeit schließen. Verstand und logisches Denken herrschen vor. Wer so schreibt, ist emotional stabil und psychisch belastbar.

AUFSTEIGENDER ZEILENVERLAUF

Einen aufsteigenden Zeilenverlauf finden wir bei Menschen, die mit Schwung und Zuversichtlichkeit durchs Leben gehen. Sie sind begeisterungsfähig und versprühen Optimismus. Ihr Temperament schafft spontane Bewegungsimpulse, die die Schrift von der waagerechten Norm abdrängen.

FALLENDER ZEILENVERLAUF

Zu fallenden Zeilen neigen Menschen, die mit Problemen zu kämpfen haben. Ihre Schreibbewegung zeugt von Mutlosigkeit und Erschöpfung. Sie sind mental müde und demotiviert. Das kann ein vorübergehender Zustand sein, mit dessen Besserung sich auch das Schriftbild wieder ändert.

UNREGELMÄSSIGER ZEILENVERLAUF

Ein unregelmäßiger Zeilenverlauf mit auf- und abfallenden Zeilen deutet auf eine Persönlichkeit, die sich ungern etwas sagen lässt. Sie pfeift auf Konventionen und stellt ihre Individualität über alles andere. Dabei vertraut sie nur auf sich selbst und neigt bisweilen zu Disziplinlosigkeit und mangelnder Anpassungsfähigkeit.

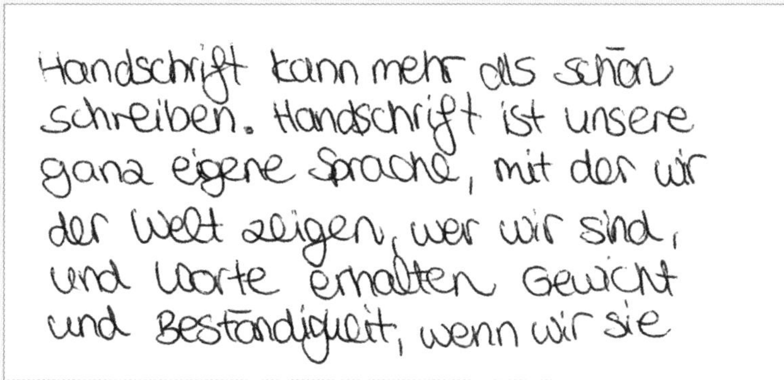

gerader Zeilenverlauf

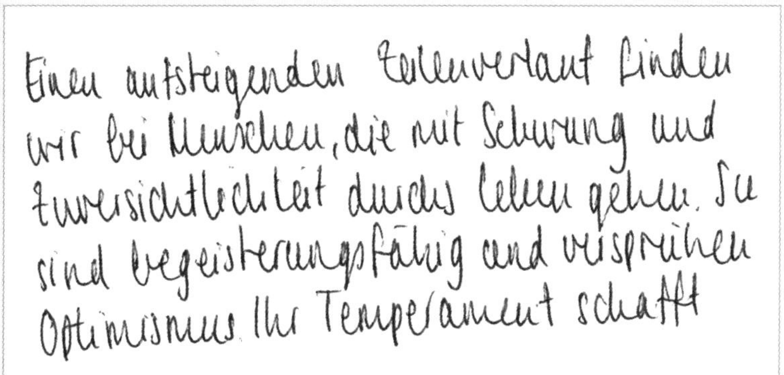

aufsteigender Zeilenverlauf

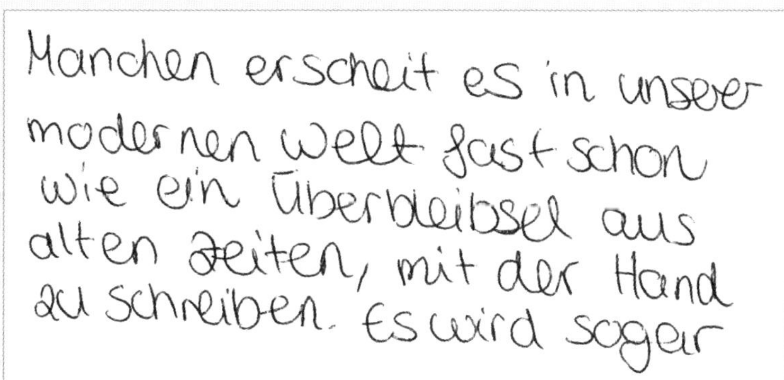

fallender Zeilenverlauf

ZEILENABSTAND

Wenn wir schreiben, stellen wir das Geschriebene in einen Raum. Einen Raum, der nicht unendlich, sondern begrenzt ist. Das zwingt uns, unsere Schrift zu organisieren, Ränder und Zeilenabstände einzuhalten. Graphologen leiten daraus Informationen darüber ab, wie sich der Schreibende seinen Lebenskonstellationen anpasst.

ENGER ZEILENABSTAND

Die Zeilenabstände geben Rückschlüsse auf das Distanzverhalten. Dementsprechend sind dicht stehende Zeilen ein Hinweis auf eine stark ausgeprägte Kontaktbereitschaft, die aber so weit gehen kann, andere Menschen zu vereinnahmen.

Eine enge Zeilenführung kann auch ein Anzeichen darauf sein, dass der Schreibende dazu neigt, sich sehr tief in ein Aufgabenfeld hineinzuarbeiten – bis hin zur Spezialisierung.

WEITER ZEILENABSTAND

Stehen die Zeilen in einem größeren Abstandsverhältnis zueinander, spricht das für einen Menschen, der anderen seinen Freiraum lässt, diesen aber auch für sich beansprucht.

SONDERFORM: OBER- UND UNTERLÄNGEN VERHAKEN SICH

Berühren die Unterlängen der oberen Zeile permanent die Oberlängen der unteren Zeile, ist keine klare Gliederung der Zeilen mehr möglich. Schriftpsychologen deuten dies als Einmischung in die Angelegenheiten anderer und als Mangel an Klarheit in der eigenen Lebensorganisation. Der Schreibende „verstrickt" sich gerne in Details und sieht vor lauter Bäumen den Wald nicht mehr.

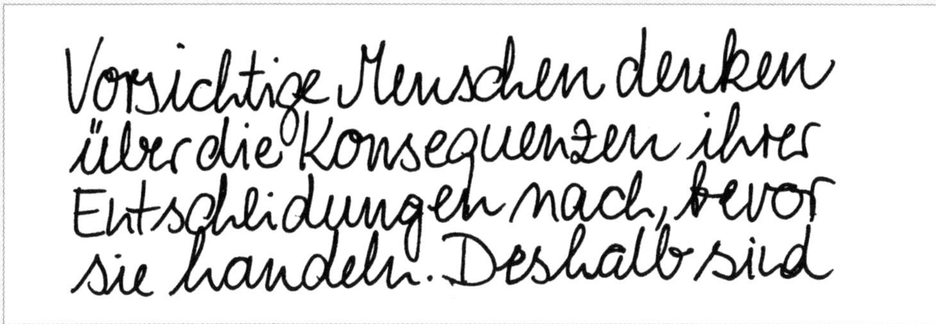

enger Zeilenabstand

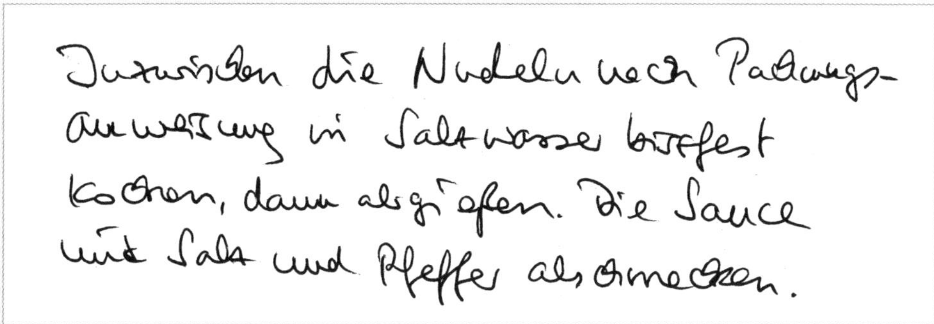

weiter Zeilenabstand

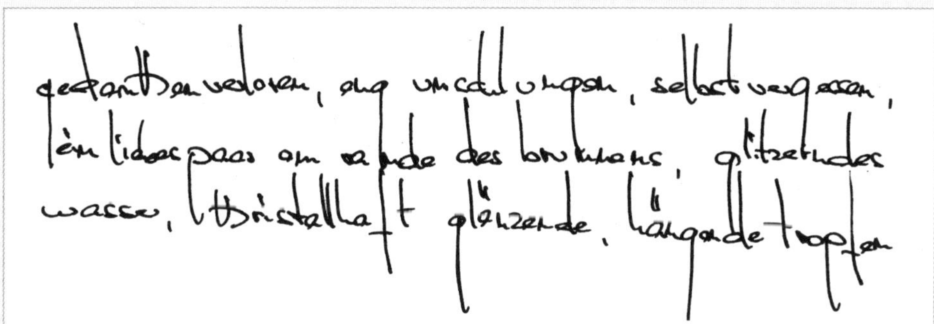

Ober- und Unterlängen verhaken sich

SCHRIFT UND FORM

Jede Schrift hat ihren eigenen Rhythmus und daraus resultierend ihre eigene Form. Ist der Bewegungsrhythmus ungestört, sind auch die Formen natürlich und gut ausbalanciert. Ein gestörter Bewegungsrhythmus hemmt den Schreibfluss – ein unruhiges, manchmal gekünstelt wirkendes Schriftbild entsteht.

DAS FORMBILD

FORMFESTIGKEIT

Wer seine Buchstaben bei gleich bleibendem Neigungswinkel sehr regelmäßig formt, gleichmäßigen Druck ausübt und gerade auf der Zeile bleibt, offenbart eine gehörige Portion an Willensstärke und Selbstbeherrschung. Wer so schreibt, ist ein praktisch veranlagter Mensch, der die Dinge gerne selbst in die Hand nimmt, belastbar und zuverlässig ist – aber durch so viel rationale Kontrolle auch gehemmt sein kann.

Ist die Schrift gleichzeitig eher klein, mit kaum vorhandenen Ober- oder Unterlängen, oder übertrieben regelmäßig, weist das auf eine Persönlichkeit hin, die lieber in ihrer kleinen, eng abgegrenzten Welt agiert, ungern aufbegehrt und eher in Ruhe gelassen werden will.

FORMAUFGELÖSTHEIT

Hinter einer eher unregelmäßigen Schrift steckt oft ein Mensch, dem Gefühl und Intuition wichtiger sind als Selbstdisziplin und Ordnung. Eine sich verändernde Schriftgröße, weite Abstände zwischen den Wörtern, große Anfangsbuchstaben: Hier schreibt eine eigenwillige, impulsiv reagierende Persönlichkeit, die mitunter zu unberechenbarem Verhalten neigt.

Weist eine Schrift sehr starke Unregelmäßigkeiten auf, kann das auch auf eine pessimistische oder gar depressive Grundhaltung hinweisen. Diese Menschen sind launenhaft, können nicht mit Kritik umgehen und schotten sich ab.

BEREICHERTE FORMEN

Jeder einzelne Buchstaben, den wir schreiben, hat sein bestimmtes Gewicht, seinen Umfang, seine Proportionen. Die Art und Weise, wie wir einzelne Buchstaben ausformen, sagt auch etwas über unseren Gestaltungswillen aus. Oft werden Großbuchstaben zu Beginn eines Wortes, aber auch Buchstaben in der Oberzone mittels zusätzlicher Linien und Formen „angereichert".

Wer mit bereicherten Formen schreibt, zeigt sich im Leben oft kreativ, ideenreich und begeisterungsfähig. Wichtig ist, dass die Lesbarkeit erhalten bleibt. Graphologen würden zudem untersuchen, ob die Ausschmückungen zur Gesamtgestaltung passen oder eher gekünstelt wirken und auf eine übertriebene Selbstdarstellung deuten.

VEREINFACHTE SCHRIFT

Von „vereinfacht" sprechen wir bei einer Schrift, die von allem Überflüssigen befreit ist. Der Buchstabe bleibt erkennbar, wird aber mit einem Minimum an Ausformung geschrieben. Hier zeigen sich Persönlichkeiten mit Organisationstalent und rascher Auffassungsgabe. Der Schreibende legt Wert auf Transparenz und Klarheit.

Geht die Vereinfachung so weit, dass wesentliche Buchstabenteile weggelassen werden, spricht man von „vernachlässigter" Schrift. Sie deutet auf eine stark ausgeprägte Eigenwilligkeit und Selbstständigkeit hin, kann aber auch Aspekte von Rücksichtslosigkeit und Unzuverlässigkeit enthalten.

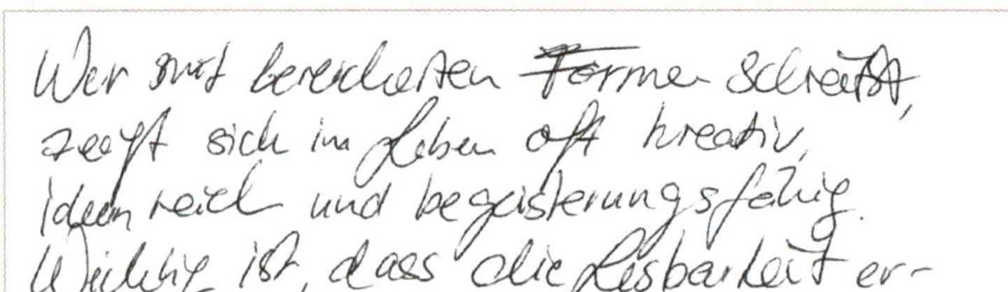

bereicherte Formen

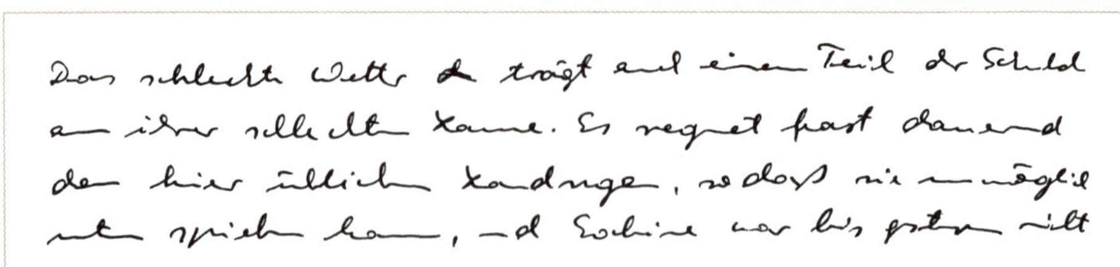

vereinfachte Schrift

SCHRIFT IN BEWEGUNG

Unser Schriftbild setzt sich aus vielen verschiedenen Details zusammen. Eine wichtige Bedeutung hat unsere individuelle Art, einzelne Buchstaben auszuformen.

BUCHSTABENFORMEN

ARKADEN

Die Arkade ist ein grundlegendes Element der lateinischen Schrift, die heute europaweit verbreitet ist. Vor allem bei den Kleinbuchstaben m, n und h finden wir die nach oben gewölbte Rundung, wie sie auch in der Schule unterrichtet wird.

Arkaden sind, architektonisch gesehen, Bögen, die etwas überspannen. Sie bieten Schutz, etwa vor Regen oder Sonne. Andererseits grenzen sie auch nach außen hin ab. Graphologen sehen in reinen Arkadenschreibern Menschen, die sich nicht gerne in die Karten schauen lassen, oft sehr korrekt und eigensinnig bis hin zur Dickköpfigkeit sind. Altbewährtes hat einen höheren Stellenwert als die Lust, Neues zu entdecken. Wer mit Arkaden schreibt, geht gerne planvoll vor, ist sehr zuverlässig und verantwortungsbewusst.

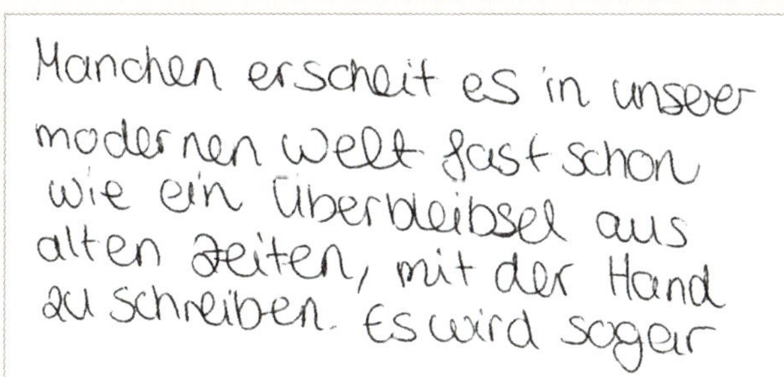

Arkaden

GIRLANDEN

Girlanden sind das Gegenteil der Arkaden. Die Kleinbuchstaben sind nicht nach oben gewölbt, sondern nach unten gerundet. Die Form der Girlande hat etwas Beschwingtes. Girlandenschreibern wird deshalb ein aufgeschlossenes, natürliches und tolerantes Wesen nachgesagt. Diesen Menschen fällt es nicht schwer, Kontakte zu knüpfen und sich auf neue Situationen einzustellen. Girlandenschreiber sind auf Ausgleich bedacht, das Herz steht im Vordergrund, nicht der Kopf. Allerdings können Gutmütigkeit, Nachgiebigkeit und Anlehnungsbedürfnis auch dazu führen, von anderen ausgenutzt zu werden.

FADEN

Beim Faden lösen sich die Konturen des Buchstabens auf und werden durch einen gewellten oder geraden Strich ersetzt. Allerdings sind reine Fadenbildungen eher selten. Meist haben wir es meist mit Mischformen zu tun: Am Anfang oder in der Mitte eines Wortes stehen klare Girlanden oder Arkaden, während das Wortende einen Faden bildet – manchmal auch ein Hinweis auf ein hastiges Schreibtempo. Fadenbildung findet man häufig bei geistig sehr regen Menschen mit großem Improvisationstalent und originellen Ideen. Sie sind aktiv und unternehmungslustig. Andererseits lassen sie sich nicht gerne festlegen und beziehen ungern klare Standpunkte.

WINKEL

Zackige, steile Winkel anstelle der fließenden Bewegung von Girlande oder Arkade – diese Art zu schreiben erfordert wesentlich mehr Energie und Entschlossenheit. Deutlich spürt man im Schriftbild die Anspannung, die durch die ständigen, abrupten Gegenbewegungen hervorgerufen wird. Winkelschreiber zeichnen sich oft durch eine kämpferische Grundhaltung, Klarsichtigkeit, Fleiß und Zielstrebigkeit aus, neigen aber auch zu verschlossenem und unduldsamem Verhalten.

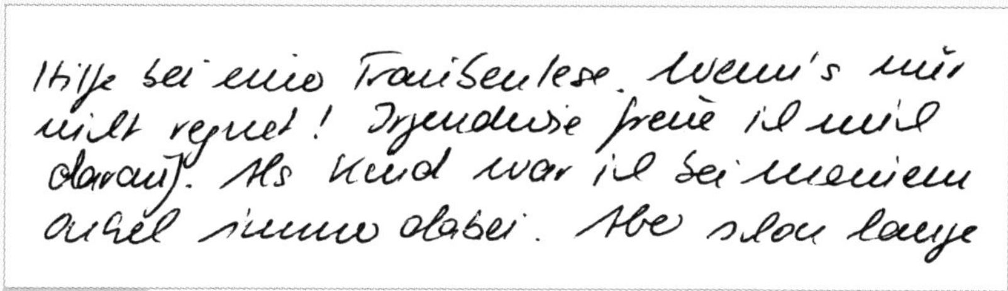

Girlanden

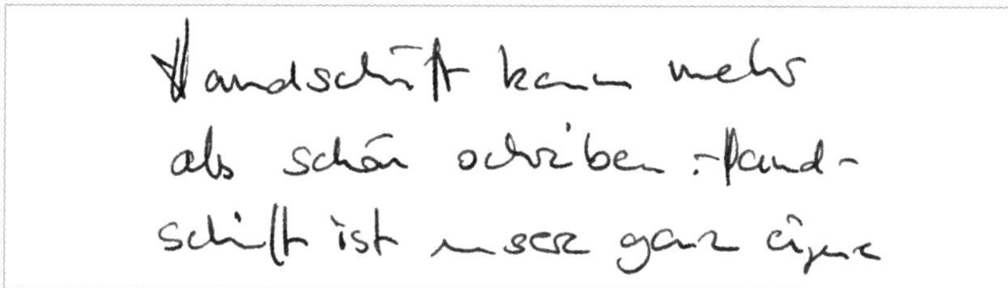

Faden

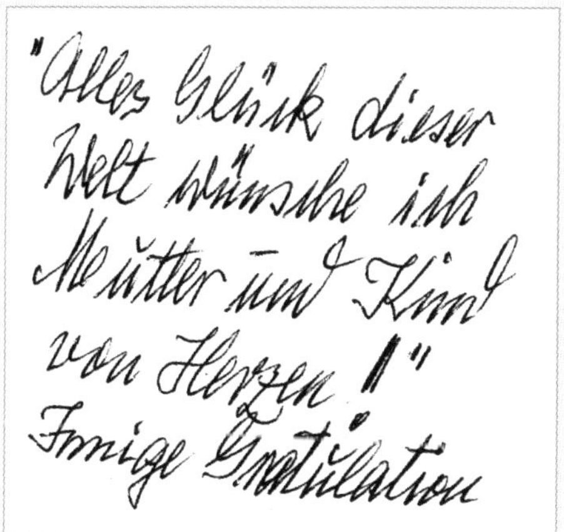

Winkel

DIE VERBINDUNGEN

Wir setzen beim Schreiben unbewusst mehrmals ab, nicht nur nach einem Wort, sondern auch innerhalb desselben. Die Schriftpsychologie sieht einen Zusammenhang zwischen der Art und Weise, wie wir Buchstaben innerhalb eines Wortes miteinander verbinden und unserer Kommunikationsfähigkeit.

VERBUNDENE SCHRIFT

Von verbundener Schrift ist die Rede, wenn drei bis fünf Buchstaben, ohne im Schreibfluss abzusetzen, miteinander verbunden sind. Hier zeigt sich eine Persönlichkeit, die über eine schnelle Auffassungsgabe und Logik im Denken verfügt. Wer in fließendem Duktus verbunden schreibt, ist kooperativ und teamorientiert. Ist eine Handschrift verbunden, wirkt aber gleichzeitig langsam und umständlich, kann das auf eine Person hindeuten, die feste Abläufe und Routinen schätzt, Konflikte lieber vermeidet und in Ruhe gelassen werden möchte.

UNVERBUNDENE SCHRIFT

Bei der unverbundenen Schrift steht nicht unbedingt jeder Buchstabe allein, aber mindestens die Hälfte aller Buchstaben eines Wortes weisen keine Überleitung auf. Wer überwiegend unverbunden, aber mit harmonischer Schriftgestalt schreibt, entpuppt sich häufig als Mensch mit hoher Intelligenz und künstlerischer Originalität – viele Schriftsteller und Künstler, etwa Heinrich Böll, Salvador Dalí oder Oscar Wilde, schrieben unverbunden.

Häufig finden wir in einer Handschrift sowohl verbundene als auch unverbundene Überleitungen. Graphologen erkennen darin zwei wesentliche Persönlichkeitsmerkmale: Intuition und Logik. Wer so schreibt, folgt seiner inneren Stimme, lässt dabei aber methodische Überlegungen nicht außer Acht.

SONDERFORM DRUCKSCHRIFT

Wer heute erwachsen ist, hat in der Schule in der Regel noch die verbundene Schreibschrift gelernt. Trotzdem gibt es Menschen, die sich eine ausgeprägte Druckschrift angeeignet haben. In Druckbuchstaben zu schreiben weist zunächst auf Menschen hin, die einen starken Individualismus leben. Trotzdem möchten sie verstanden werden – mit einer deutlich geschriebenen Botschaft an das Gegenüber. Bei Druckbuchstaben findet man häufig originelle Formen und Zusätze. Dahinter steckt oft eine gehörige Portion an Kreativität und ästhetischem Empfinden.

Zwölf Jahre später reist Matisse nach Nizza. Der kühle und disziplinierte Nordfranzose ist überwältigt von der lichterfüllten Atmosphäre, die die Farben intensiv strahlen lässt.

Verbundene Schrift

Kreativ zu sein, kann uns in einen Zustand versetzen, in dem wir gleichzeitig hellwach und ganz nach innen gerichtet sind. Im Idealfall geraten wir in einen so

Unverbundene Schrift

WAS IST KREATIVITÄT? ES IST DAS, WAS UNS ERMÖGLICHT, IDEEN ZU FINDEN, KOMPLEXE AUFGABEN NEU ZU BETRACHTEN UND ÜBERRASCHEND ZU

Druckschrift

EIN STATEMENT

DIE UNTERSCHRIFT

Mit unserer Unterschrift geben wir eine Visitenkarte ab. Wir machen uns nach außen sichtbar. Oft sieht der handgeschriebene Fließtext ganz anders aus als die Signatur, die wir daruntersetzen. Unsere Unterschrift ist meist dynamischer, markanter, rascher. Hier zeigen wir, wer wir sind – oder auch, wie wir uns gerne darstellen möchten.

Ist eine Unterschrift gut leserlich und stimmt mit Textschrift und -größe überein, deutet dies auf eine gefestigte Persönlichkeit mit gutem Selbstwertgefühl hin.

Mit einer Unterschrift, die deutlich größer als der geschriebene Text ist, möchte der Schreibende sich größer machen, als er sich empfindet. Kommen Unleserlichkeit und Schnörkel dazu, könnte es sein, dass sich dieser Mensch selbst überschätzt.

Ist die Unterschrift deutlich kleiner als die Textfassung, lässt dies auf eine Persönlichkeit schließen, der es an gesundem Selbstvertrauen fehlt.

Mit einer „durchgestrichenen" Unterschrift signalisiert der Schreibende starke Selbstkritik. Er hat sozusagen den Glauben an sich verloren, es fehlt ihm an Wertschätzung für sich selbst.

Wer seine Unterschrift zusätzlich unterstreicht, betont seine Wichtigkeit. Dasselbe gilt für diejenigen, die einen Punkt hinter ihre Signatur setzen.

» *Wenn mir jemand sagt,
sein Wort sei so gut wie seine Unterschrift,
dann nehme ich immer die Unterschrift.*

ALAIN DELON

write
here
write
now

SCHÖNER *schreiben*

Eine gute Handschrift ist kein Geschenk des Himmels. Es ist jederzeit möglich, an seiner eigenen Schrift zu arbeiten und sie ästhetisch ansprechend weiterzuentwickeln. Mit Geduld und Übung kommt man in jedem Fall weiter – entdecken Sie auf den folgenden Seiten hilfreiche Tipps zur realistischen Einschätzung und Verbesserung Ihrer Schrift, nützliche Hinweise zu entspanntem Schreiben und viele Übungsblätter.

DAS A UND O DER GUTEN HANDSCHRIFT

ENTSPANNT SCHREIBEN

Was macht eine Handschrift zu einer guten Handschrift? Sicherlich ihre Lesbarkeit, aber das allein ist es nicht. Auch der Eindruck von Einheitlichkeit ist wichtig, zudem sollte man erkennen können, dass die Schrift dem Schreibenden quasi mühelos „aus der Feder fließt". Und natürlich überzeugt jede gute Handschrift auch durch ihre Individualität – ohne übertrieben stilisiert zu wirken.

Sie können nach ein paar Tagen Ihre eigene Schrift nicht mehr lesen? Sie empfinden Schreiben als anstrengend für die Hand? Sie wünschen sich ganz einfach eine schönere Schrift? Vielleicht liegt darin ja Ihre Motivation, sich mit Ihrer eigenen Handschrift auseinanderzusetzen. Vielleicht gehören Sie aber auch schon zu den Vielschreibern und möchten einfach die Lesbarkeit und Schnelligkeit Ihrer Handschrift erhöhen und ihr Aussehen verbessern?

VIELE TIPPS ZUM ENTSPANNEN

Dass jede Veränderung mit dem ersten Schritt, und sei er noch so klein, beginnt, wissen Sie bereits. Deshalb finden Sie auf den folgenden Seiten viele Hinweise und Tipps zu Aspekten des Schreibens, über die Sie womöglich noch gar nicht nachgedacht haben: auf welchem Papier es sich angenehm schreibt, wie Sie Ihre Schreibhand vor Verkrampfungen schützen können, in welcher Haltung Sie beim Schreiben am Tisch sitzen sollten, um am besten in einen Schreibfluss zu kommen.

Denken Sie daran: Wenn die Rahmenbedingungen stimmen, kommt der Spaß am Schreiben von alleine!

MEIN SCHREIBWERKZEUG

Wenn es schnell gehen muss, greifen wir meist zum nächstbesten Stift. Aber davon einmal abgesehen, haben die meisten Menschen ein bevorzugtes Schreibgerät.

Manche mögen den klassischen Füller, andere schreiben lieber mit Kuli, Tintenroller oder Fineliner. Welches Schreibgerät auch immer Ihnen das Liebste ist – für eine schöne, gleichmäßige Schrift sollte es sich in Ihrer Hand gut und richtig anfühlen. Nicht zu dick und nicht zu dünn. Das kann auch ein Bleistift sein!

TIPP

Auch wenn Sie Ihren Lieblingsstift gefunden haben – probieren Sie ab und zu andere Schreibgeräte aus! Lassen Sie sich im Schreibwaren- oder Künstlerbedarfsgeschäft von der reichen Auswahl verschiedenster Stifte inspirieren. Meist kann man die Schreibwerkzeuge gleich vor Ort ausprobieren. Machen Sie das Schreiben zu Ihrem persönlichen Abenteuer, bei dem es jede Menge Neues zu entdecken gibt!

MEIN PAPIER

Papier erscheint auf den ersten Blick ein profanes Material zu sein. Aber Papier ist auch ein ganz besonderer Stoff – das werden Sie auf Ihrem Weg vom flüchtigen Krakeln zum achtsamen Schreiben schnell feststellen. Es gibt unterschiedlichste Papiere in jeder erdenklichen Farbe, zum Teil mit spannenden Oberflächen. Mit einer schönen Handschrift und dem richtigen Schreibwerkzeug werden Sie all diese wunderbaren Papiere beschriften können – also, worauf warten Sie noch?

Zum Üben verwenden Sie am besten einfaches, weißes Kopierpapier. Machen Sie vorab den Streicheltest: Streichen Sie mit der Handinnenfläche sanft über das Papier. Fühlt es sich fein und glatt an? Darauf sollten Sie achten, denn auf einer rauen Oberfläche kann Ihr Stift nicht gleiten und Sie werden schnell den Spaß verlieren.

Wenn Sie Schwierigkeiten haben, gerade auf einer Zeile zu bleiben, legen Sie für den Anfang ein Linienblatt unter. Achten Sie darauf, dass Ihre Schreibunterlage nicht zu hart oder uneben ist. Meist hilft es schon, mehrere Blatt Papier oder eine Zeitschrift unterzulegen.

Und wo ist der beste Platz für mein Papier? Die meisten Menschen gehen davon aus, dass das Papier ganz genau und gerade vor ihnen liegen sollte. Machen Sie die Probe: Sind Sie Rechtshänder, legen Sie das Papier ganz leicht rechterhand. Dann können sich Arm und Hand frei bewegen. Platzieren Sie das Papier zu weit links, bewegt sich der Schreibarm ungelenk vor dem Körper und man sieht nicht, was man schreibt. Linkshänder sollten Ihr Papier unbedingt links platzieren.

TIPP

Stöbern Sie ruhig einmal in der Papierabteilung eines Schreibwaren- oder Künstlerbedarfsgeschäfts. Sie werden staunen, was dort alles zu finden ist. Und wenn dabei vor Ihrem geistigen Auge schon die nächste handgeschriebene Einladung, der schön beschriftete Umschlag oder das endlich in Angriff genommene Bullet Journal auftaucht – umso besser!

Meine liebe Maja,
ich muss Dir unbedingt
schreiben, denn rate mal, wen
ich gestern in der Stadt
getroffen habe?

MEINE SITZHALTUNG

Sitzen Sie aufrecht, aber bequem. Der Stuhl sollte die richtige Höhe im Verhältnis zum Tisch haben – Sie sollten Ihren Schreibarm bequem auflegen können. Ist der Tisch zu hoch, rutschen automatisch die Schultern nach oben und verspannen nach einer Weile. Die Folge: verkrampfte, krakelige Schrift. Vorsicht vor Armlehnen, sie könnten im Weg sein.

Kontrollieren Sie von Zeit zu Zeit Ihre Haltung. Konzentriertes Arbeiten führt manchmal dazu, dass wir uns zu sehr über das Papier beugen und dabei unwillkürlich die Bewegungsfreiheit unseres Arms eingrenzen. Dabei werden Hand und Gelenk unnötig belastet.

Sind Ihre Beine übereinandergeschlagen? Locker in hüftbreitem Abstand nebeneinander und mit gutem Bodenkontakt aufgestellt, ist beim Schreiben die bessere Alternative.

Achten Sie auf gutes Licht. Bei Rechtshändern sollte das Licht von links kommen, bei Linkshändern von rechts.

TIPP

Neigen Sie – wie übrigens viele Menschen – unbewusst dazu, die Schultern hochzuziehen? Das kann zu Nackenschmerzen führen. Legen Sie eine kurze Pause mit folgenden Übungen ein: Kreisen Sie mit beiden Schultern gleichzeitig 15 Mal von hinten nach vorne und 15 Mal von vorne nach hinten. Anschließend das Ganze abwechselnd mit rechter und linker Schulter, ebenfalls 15 Mal. Zum Abschluss die Schultern mehrmals bewusst bis zu den Ohren hochziehen und anschließend fallen lassen.

Haltung,
Prinzessin,
Haltung!

MEINE SCHREIBHALTUNG

Auch hier gilt: Locker, locker, locker! Viele Menschen halten den Stift viel zu fest in der Hand. Sie können das leicht überprüfen: Ist nach dem Schreiben eine Delle oder rote Stelle am Mittelfinger zu sehen, umfassen Sie Ihr Schreibwerkzeug mit zu festem Griff.

Die Art und Weise, wie Sie den Stift beim Schreiben in der Hand halten, ist ganz individuell und begleitet Sie wahrscheinlich schon seit Ihrer Schulzeit. Eine allgemein gültige, „richtige" Stifthaltung gibt es nicht, aber manche Haltungen führen eher zu einem eingeschränkten Bewegungsradius und in der Folge zu Verspannungen.

Im Normalfall bewegen Daumen, Zeige- und Mittelfinger den Stift, während Ringfinger und kleiner Finger die Hand ruhig halten. Der kleine Finger sollte auf der Schreiboberfläche aufliegen, um die Bewegungen der anderen Finger zu stabilisieren.

Klemmen Sie Ihren Stift zwischen Daumen und Zeigefinger ein? Schreiben Sie, indem der Stift zwischen Mittel- und Ringfinger liegt? Halten Sie den Stift nur mit den Fingerspitzen? Dies sind Schreibhaltungen, die gerne Fehlbelastungen an Fingergelenken und -muskeln verursachen können und zu schneller Ermüdung und entsprechenden Schmerzen führen. Ist dies bei Ihnen nicht der Fall, gibt es auch keinen Grund, die Stifthaltung zu ändern.

Für alle anderen gilt: Auch wenn aller Anfang schwer ist – es zahlt sich in jedem Fall aus, an der Schreibhaltung zu arbeiten. Der Lohn: ein Stift, aus dem die Buchstaben mühelos fließen!

TIPP

Haben Sie sich in dem Bemühen, ordentlich zu schreiben, eine zu feste und verkrampfte Stifthaltung angewöhnt? Probieren Sie einmal Stifte mit weichem Griff aus. Eine haptisch angenehme Oberfläche wirkt manchmal Wunder.

MEINE LOCKERUNGSÜBUNGEN

Vielleicht müssen Sie sich erst daran gewöhnen, aber dann werden Sie es lieben: das absichtslose Kritzeln auf dem Papier, bevor Sie mit Ihren eigentlichen Schreibprojekten starten.

Mit Bögen, Kreisen und zufälligen Linien machen Sie sich locker und ermöglichen Ihrer Schrift, besser zu fließen. Bewegen Sie beim Üben nicht nur die Finger, sondern nehmen Sie den ganzen Arm und die Schultern mit. Stift und Hand arbeiten nicht unabhängig, sondern fungieren sozusagen als Verlängerung des Arms. Damit wirken Sie automatisch einer eckigen, abgehackten Handschrift entgegen. Starten Sie mit den Übungsblättern auf den folgenden Seiten, legen Sie aber später immer ein unliniertes Kritzelpapier, möglichst im DIN-A4-Format, bereit – und nutzen Sie es auch!

TIPP

- Legen Sie ab und zu den Stift beiseite und öffnen und schließen Sie einige Male die Schreibhand. Auch das beugt Verkrampfungen vor.
- Auch wenn es Ihnen zu Anfang merkwürdig erscheinen mag: Atmen Sie vor jeder Schreibarbeit zuerst mehrmals tief ein und aus. Die vermehrte Sauerstoffzufuhr macht Ihr Gehirn wach und beruhigt gleichzeitig Geist und Köper.

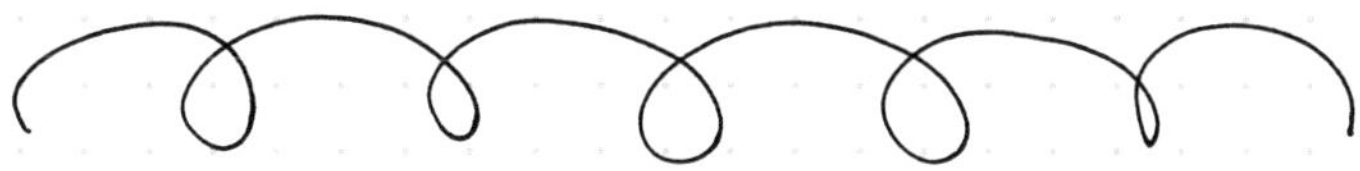

Wer
LOSLÄSST
hat die Hände
FREI für
NEUES

NÜTZLICHE TIPPS FÜR LINKSHÄNDER

Mit der linken Hand zu schreiben, ist zuerst einmal schwieriger, denn aufgrund unserer Schreibrichtung von links nach rechts müssen Linkshänder viele Striche auf dem Papier „schieben", die von Rechtshändern gezogen werden. Schreiben Sie mit der linken Hand, sollten Sie deshalb darauf achten, einen möglichst leichtgängigen Stift zu verwenden, der gut über das Papier gleitet. Das könnten ein Tintenroller oder Fineliner oder ein gut eingeschriebener Füller sein.

- Achten Sie darauf, so zu sitzen, dass das Licht über Ihre rechte Schulter fällt. So vermeiden Sie, dass Ihre Schreibhand Schatten auf das Geschriebene wirft.
- Platzieren Sie das Papier linkerhand vor sich auf dem Tisch. Dadurch kann sich Ihr Schreibarm frei bewegen, ohne Ihren Oberkörper zu kreuzen. Möglicherweise hilft es Ihnen, das Papier leicht schräg zu legen. Probieren Sie aus, was sich gut anfühlt.
- Achten Sie darauf, den Stift nicht zu fest zu umfassen. Dadurch üben Sie viel Druck auf die Schreibunterlage aus. Insbesondere Schreibfedern können sich dann im Papier verhaken – der Schreibfluss gerät ins Stocken.

TIPP

Lockerungsübungen, wie auf Seite 65ff. beschrieben, helfen Ihnen, zu Beginn jeder Schreibaufgabe in einen entspannten Schreibfluss zu kommen.

Linkshänder neigen dazu, ihre linke Hand so einzudrehen, dass sie von oben schreiben – das ermöglich ihnen einen freien Blick auf das Geschriebene. Diese Handhaltung kann auf die Dauer aber belastend für den Bewegungsapparat sein und zu Ermüdung und Schmerzen der Schreibhand führen.

Für Menschen, die mit der linken Hand schreiben, ist eine gute, ergonomische Stifthaltung dieselbe wie für Rechtshänder: der Dreipunktegriff, mit dem das Schreibwerkzeug locker zwischen Daumen, Zeige- und Mittelfinger gehalten wird.

Aber auch hier gilt: Nur, wenn Sie nicht zufrieden mit Ihrer bisherigen Stifthaltung sind, wenn Sie beim Schreiben rasch ermüden oder das Schriftbild leidet, sollten Sie eine Veränderung anstreben.

MEINE CHECKLISTE

FÜR ENTSPANNTES SCHREIBEN

- [ ] Mein Arbeitsplatz ist gut ausgeleuchtet, sodass ich mir mit meiner Hand oder meinem Arm nicht selbst Schatten mache. Ich habe ausreichend Patz zum Schreiben.
- [ ] Meine Sitzhaltung ist aufrecht, aber entspannt. Meine Füße stehen parallel auf dem Boden. Mein Schreibarm liegt bequem auf.
- [ ] Sind meine Schultern entspannt? Falls nicht, helfen mir kleine Übungen wie das Schulterkreisen, die ich bequem am Schreibtisch ausführen kann.
- [ ] Mein Papier liegt ganz leicht nach rechts verschoben vor mir. Es ist nicht zu dünn und hat eine angenehme Oberfläche, auf der mein Stift gleiten kann. Schreibe ich mit der linken Hand, liegt das Papier linkerhand von mir.
- [ ] Ich habe ein Schreibgerät bereitgelegt, das gut in meiner Hand liegt und weich über das Papier gleitet.
- [ ] Ich achte darauf, meinen Stift nicht zu fest mit den Fingern zu umschließen. Wird meine Hand beim Schreiben sehr schnell müde, versuche ich, mir eine idealere Schreibhaltung anzugewöhnen.
- [ ] Ich habe mehrmals tief ein- und ausgeatmet.
- [ ] Ich stimme mich auf das Schreiben ein, indem ich auf einem Kritzelpapier meinen Arm und meine Hand mit schwungvollen Kurven, Kreisen und Bögen locker mache.

TYPOGRAFIE

DAS WICHTIGSTE IN KÜRZE

In der Typografie geht es eigentlich um das Setzen von Buchstaben für den Druck. Möchten Sie an einer Verbesserung Ihrer Handschrift arbeiten, kann es jedoch nicht schaden, sich einmal bewusst vor Augen zu führen, wie Buchstaben „funktionieren".

DAS GEHEIME LEBEN DER BUCHSTABEN

Das Vier-Linien-Raster zeigt, dass sich die Großbuchstaben unseres Alphabets zwischen zwei Linien befinden – der Grundlinie und der Oberlänge. Die Kleinbuchstaben können sich hingegen zwischen allen vier Linien bewegen. Der Kernbereich der Buchstaben wird mit dem Begriff Mittellänge beschrieben. Man nennt ihn auch x-Höhe, da er dieselbe Höhe hat wie der Kleinbuchstabe x.

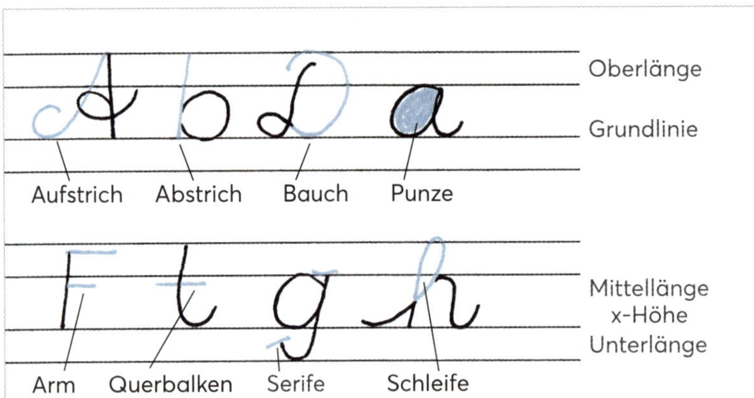

Großbuchstaben werden auch als **Versalien** oder **Majuskeln** bezeichnet. Ihre vertikale Höhenausdehnung ist die Versalhöhe. Kleinbuchstaben, auch **Minuskeln** genannt, können Ober- oder Unterlängen aufweisen. Die **Oberlänge** ist derjenige Teil der Kleinbuchstaben, der über die Mittellänge oben hinausragt, beispielsweise beim kleinen d, f, k oder t.

Die **Unterlänge** zieht sich hingegen bei den Buchstaben g, j, p und q unter der x-Höhe nach unten. Bei einer ausgewogenen Schriftgestaltung sollte sie nicht kürzer als die Oberlänge sein.

Ober- und Unterlängen können etwa bei l, h oder g entweder offen sein und heißen dann **Schlinge**, oder sie schließen sich zu einer **Schleife**.

Die leicht diagonale Linie, mit der Sie beispielsweise beginnen, den Großbuchstaben A zu schreiben, ist der **Aufstrich**. Am Scheitel geht der Aufstrich in einen **Abstrich** über, mit dem Sie das Zeichen zu Ende führen.

Die gerundeten Linien, die Buchstabeninnenräume umschließen, bezeichnet man als **Bauch**, während die Innenräume selbst **Punze** heißen. Es gibt vollständig geschlossene Punzen wie beispielsweise bei a, B, D, g oder P und einseitig offene Punzen wie bei h, m, n oder u. In einem gut lesbaren, harmonischen Schriftbild haben Punzen, Schlingen und Schleifen in etwa dieselbe Größe.

Serifen sind die dekorativen Strichabschlüsse eines Buchstabens. Sie können die unterschiedlichsten Formen annehmen, von einer feinen Linie bis hin zu kunstvoll verschnörkelten „Füßchen".

SCHRIFTSCHNITTE

In der Typografie ist der Schriftschnitt ein sehr gebräuchlicher Begriff und bezeichnet verschiedene Schriftstilvarianten innerhalb einer Schriftfamilie. So kann eine Schrift fett (bold), halbfett, dünn oder kursiv geschrieben werden, mit schmal oder breit laufenden Buchstaben.

In unserer alltäglichen Schreibpraxis werden wir kaum solche Unterschiede machen, wir heben höchstens einmal ein Wort besonders hervor, indem wir es in Großbuchstaben oder fett wiedergeben. Im nächsten Kapitel werden Sie aber auf der „Spielwiese" (Seite 97ff.) viele Anregungen finden, mit Stilvarianten zu experimentieren, denn spielerisches Ausprobieren verbessert Ihr Gespür für Ihre Handschrift und zeigt Ihnen, wo noch Entwicklungspotenzial liegt.

normal *kursiv* **fett** dünn

breit schmal

MEINE HANDSCHRIFT
UNTER DER LUPE

Auch wenn immer weniger von Hand geschrieben wird, wünschen sich doch viele Menschen, sowohl für sich selbst als auch für ihre Außendarstellung, eine schöne Handschrift.

Dass es Mittel und Wege gibt, sich eine ästhetisch ansprechende, fließende Handschrift anzueignen, hat Ihnen dieses Buch bereits an mehreren Stellen vor Augen geführt. Mag sein, dass Sie auf dem Weg dorthin erst einmal Ihre Komfortzone verlassen und sich unangenehmen Gedanken und Ängsten stellen müssen: „Bei meiner furchtbaren Schrift lässt sich bestimmt nichts machen … Oh je, ich bekomme doch schon nach zwei Sätzen einen Krampf in der Hand … Meine Kollegin hat eine so tolle Schrift, da kann ich doch einpacken …"

Stellen Sie sich diesen Ängsten, um sie dann zu überwinden. Denken Sie daran: Die Handschrift ist Ihre ganz eigene Sprache, mit der Sie der Welt zeigen, wer Sie sind. Ihr oberstes Ziel sollte sein, dass Sie gerne wieder einen Stift in die Hand nehmen, um zu schreiben – mehrmals in der Woche.

AUF DEM PRÜFSTAND

Und nun stellen Sie Ihre Schrift selbst auf den Prüfstand. Schreiben Sie auf die rechte Seite einen Text und beurteilen Sie ihn anschließend ganz sachlich. Was gefällt? Was könnte verbessert werden? Die nachfolgenden Seiten helfen Ihnen bei der Einschätzung.

Schreiben Sie möglichst einen Text, der Sie auch emotional berührt. Überlegen Sie sich beispielweise ein paar Sätze auf die Frage: „Was war Ihr letztes Urlaubsziel und was hat Ihnen dort gefallen?" oder „Welches Ereignis hat mich im letzten halben Jahr besonders beschäftigt? "

Schreiben Sie spontan, denken Sie nicht allzu sehr über Ihre Sätze nach. Füllen Sie möglichst die ganze Seite.

MEINE SCHRIFTPROBE

MEINE BUCHSTABEN: SAUBER AUSGEFORMT ODER KAUM ZU ENTZIFFERN?

Das größte Handicap einer nachlässig ausgeformten Handschrift ist ihre schwere Lesbarkeit. Wenn wesentliche Merkmale eines Buchstabens fehlen, beispielsweise die Schleife des kleinen e oder g, der t- und f-Strich oder der i-Punkt, ist ein Text manchmal nur noch im Zusammenhang verständlich. Oft tritt auch anstelle einer Girlande oder Arkade bei m, n oder u oder am Ende eines Wortes ein so genannter Faden (siehe Seite 50f.).

Wer für eine bessere Ausformung seiner Buchstaben sorgen möchte, kommt am Üben nicht vorbei. Wahrscheinlich haben Sie längst vergessen, wie die Buchstaben aussehen, die Sie in der Schule gelernt haben. Sie sollten sich trotzdem fürs Erste an ihnen orientieren. Ihren persönlichen Stil müssen Sie dabei nicht aufgeben – aber dafür sorgen, dass Ihre Schrift lesbarer wird. Im weltweiten Netz finden Sie eine Reihe von Webseiten, die Anleitungen zum Erlernen der Schreibschrift bieten.

Auf den beiden folgenden Seiten können Sie schon einmal ausprobieren, wie's geht. Üben Sie vor allem diejenigen Buchstaben, bei denen Sie in Ihrem Probetext Defizite ausgemacht haben. Wenn Sie möchten, üben Sie Groß- und Kleinbuchstaben getrennt. Das Raster hilft, in den Proportionen ausgewogen zu bleiben.

Überprüfen Sie auch Ihre Schreibgeschwindigkeit: Für den Anfang sollten Sie mindestens doppelt bis dreifach so langsam schreiben wie gewohnt.

TIPP

Versuchen Sie, jeden Tag einen Buchstaben des Alphabets in Schreibschrift zu üben. Möchten Sie an einer gleichmäßigen Schriftgröße arbeiten, können Sie sich einfache Schulhefte mit der Lineatur 3 zulegen. Gibt es Probleme mit Unter- oder Überlängen der Buchstaben, üben Sie mit einer Lineatur 2.

GROSSBUCHSTABEN ÜBEN

A

B

G

KLEINBUCHSTABEN ÜBEN

a

b

g

ÜBUNGSALPHABET

Bei reinen Girlandenschreibern können mitunter Leseschwierigkeiten auftreten, da die Kleinbuchstaben m und n, statt nach oben gewölbt, nach unten gerundet geschrieben und mit den Kleinbuchstaben u und v verwechselt werden können. Auch hier lohnt sich unter Umständen, das erlernte Muster aufzubrechen und das kleine m oder n in Zukunft als Arkade zu schreiben.

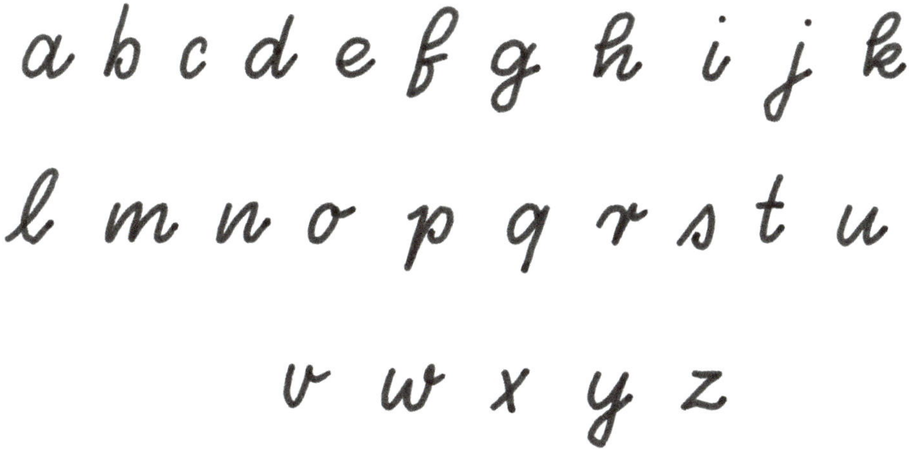

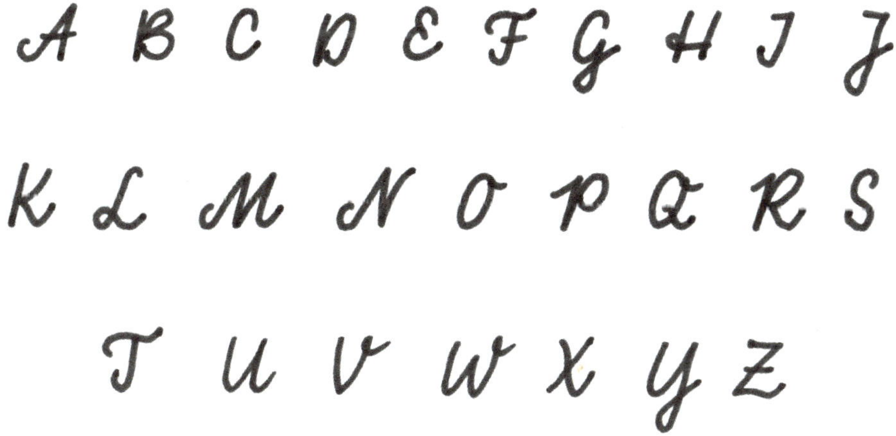

MEIN SCHRIFTBILD: GLEICHMÄSSIG ODER UNGLEICHMÄSSIG?

Betrachten Sie nun Ihren Text (Seite 77) als Ganzes. Vermittelt das Schriftbild den Eindruck von Regelmäßigkeit? Bleibt ausreichend Platz zwischen den einzelnen Wörtern? Ist der Neigungswinkel immer derselbe oder wechseln sich Rechts- und Linksneigung ab? Stehen die Zeilen auf einer waagerechten Grundlinie oder steigen sie im Verlauf des Textes an oder fallen sie ab? Verändern sich Wort- oder Zeilenabstände von einer Zeile zur nächsten?

Möchten Sie Ihrem Schriftbild ein einheitlicheres Aussehen geben, rate ich Ihnen, zunächst die Tipps und Hinweise für ein entspanntes Schreiben (siehe Seite 58ff.) anzuschauen. Oft hilft es schon, sich eine gute Stifthaltung anzugewöhnen oder das Papier richtig vor sich zu platzieren. Vermeiden Sie auch, mit zu starkem Druck zu schreiben. Ihr Ziel sollte ein weicher, gleichmäßiger Schreibfluss sein. Vielleicht hilft es Ihnen auch, für eine gewisse Zeit langsamer als gewohnt zu schreiben.

In einem uneinheitlichen Schriftbild spiegeln sich nicht selten Nervosität und Anspannung wider. Möglicherweise befinden Sie sich gerade in einer Lebensphase des Umbruchs oder der Veränderung. Sobald Sie wieder in ruhigeren Gewässern segeln, wird sich auch Ihre Schrift wieder normalisieren. Nehmen Sie sich immer wieder kleine Auszeiten, in denen Sie sich etwas Gutes tun. Dazu gehört auch, bewusst zu schreiben – das hilft Ihnen und Ihrer Handschrift.

DAS RASTER HILFT

Üben Sie gleichmäßiges Schreiben im Raster auf der gegenüberliegenden Seite. Die schrägen Hilfslinien ermöglichen eine einheitliche Neigung der Buchstaben. Vielleicht hilft es Ihnen auch, die Seite beim Schreiben etwas zu drehen. Wenn Sie das Raster vorab mehrmals kopieren, haben Sie ausreichend Übungsmaterial.

Hallo

Zuckerschnecke

MEINE SCHRIFT: ZU KLEIN ODER ZU GROSS?

Zu klein oder zu groß, das ist meist eine Frage des persönlichen Geschmacks. Interessant wird es dann, wenn die Lesbarkeit der Schrift leidet oder der Eindruck entsteht, die eigene Schrift passt nicht zu einem selbst.

Eine sehr große Schrift kann beeindruckend und selbstbewusst wirken, sie kann beim Lesen aber auch regelrecht die Luft zum Atmen nehmen. Übermäßige Ober- und Unterlängen lassen die Schrift trotz ihrer Größe schwach und unausgewogen erscheinen. Möchten Sie kleiner schreiben, wäre ein erster Schritt, mit einer feinen Füllerfederspitze oder einer feinen Tintenrollermine anzufangen und auf Linienblättern mit normalem oder etwas engerem Abstand zu üben. Auf der gegenüberliegenden Seite können Sie gleich damit anfangen.

KLEINER SCHREIBEN

Wer sich eine größere Schrift wünscht, kann sich zunächst fragen, woran es liegen könnte, dass die eigene Schrift so klein, womöglich sogar winzig ist. Bin ich gerne akkurat und detailverliebt? Oder habe ich ein Problem, selbstbewusst aufzutreten? Möchten Sie größer – und auch leserlicher – schreiben, starten Sie vor dem Üben am besten mit ein paar Lockerungsübungen (siehe Seite 65ff.). Verwenden Sie einen Stift mit breiter Strichstärke.

GRÖSSER SCHREIBEN

Schreiben Sie anschließend mit demselben Stift auf Linienblättern mit weitem Abstand. Wenn Sie möchten, starten Sie gleich auf der gegenüberliegenden Seite. Womöglich werden Sie feststellen, dass Sie mit dem Einüben einer größeren Schrift auch innerlich an Größe gewinnen und stärker wahrgenommen werden.

WENN IHRE SCHRIFT GRÖSSER WERDEN SOLL

WENN IHRE SCHRIFT KLEINER WERDEN SOLL

Schön, dass Du
wieder da
bist!

ZEIT FÜR EINE KLEINE ZWISCHENBILANZ

Vielleicht konnten Sie die „Knackpunkte" in Ihrer Schrift bereits identifizieren und haben bis hierhin schon fleißig geübt? Vielleicht hatten Sie auch gar nicht so viel an Ihrer Schrift auszusetzen und haben nur einige wenige Übungen absolviert?

Denken Sie bitte immer daran, dass Schreiben vor allem Spaß machen soll. Setzten Sie sich deshalb nicht unter Druck, um möglichst schnell zu optimalen Ergebnissen zu kommen. Gehen Sie es langsam an und steigern Sie das Tempo erst, wenn Sie eine Form oder eine Verbindung wirklich beherrschen. Wenn Sie gemächlich anfangen, geben Sie dem Verstand die Gelegenheit, den Bewegungen zu folgen und diese im Gedächtnis zu verankern – auch im Gedächtnis Ihrer Schreibhandmuskeln.

Das sollte Sie natürlich nicht davon abhalten, sich auch Herausforderungen zu stellen, denn ohne sie gibt es keine Veränderung. Aber seien Sie geduldig mit sich! Es gibt kein Richtig oder Falsch. Üben Sie, sooft es geht, aber denken Sie immer daran: Übung macht nicht perfekt, sondern ermöglicht Fortschritte.

Egal, ob Sie einzelne Buchstaben oder zusammenhängende Wörter üben: Versuchen Sie, in den Fluss zu kommen, vertrauen Sie auf sich selbst – und lassen Sie dann los.

TIPP

Kennen Sie jemanden mit einer schönen Handschrift? Scheuen Sie sich nicht, um ein paar Tipps zu bitten. Schauen Sie sich verschiedene Schriftarten in Ihrem Schreibprogramm auf dem Computer an und sammeln Sie Inspirationen für die Formen Ihrer Buchstaben.

MEINE BUCHSTABEN-VERBINDUNGEN: ERKENNBAR ODER KAUM VORHANDEN?

Niemand kann vollkommen verbunden schreiben. Auf ihrem Weg muss die Schreibhand ab und zu ihre Position verändern und es entsteht eine natürliche Lücke zwischen den Buchstaben eines Wortes.

Fehlen allerdings die Überleitungen weitgehend oder ganz, kann eine solche Handschrift angestrengt und abgehackt wirken – die ständigen Stop-and-go-Bewegungen des Stiftes blockieren den Schreibfluss.

Tests haben gezeigt, dass eine flüssige Schreibschrift selbst einer raschen Druckbuchstabenschrift in punkto Schnelligkeit überlegen ist. Jeden Buchstaben einzeln zu schreiben verursacht unnötig viele Bewegungen und kostet zudem mehr Energie.

Buchstabenverbindungen wollen allerdings geübt sein. Es dauert einige Zeit, bis die neuen, ungewohnten Schreibbewegungen in einen kontinuierlichen, unbewussten Schreibfluss übergehen. Auf den nun folgenden Übungsblättern finden Sie erste Schritte dazu.

Üben Sie zunächst einzelne Buchstabenverbindungen, die einfach und naheliegend sind. Danach gehen Sie dazu über, die häufigsten Kombinationen einzuüben und am Schluss diejenigen, die Ihnen am schwersten fallen. Bleiben Sie am Ball! Mit einer verbundenen Schrift erhöhen Sie Ihre Schreibgeschwindigkeit und entkrampfen die Hand.

TIPP

Achten Sie darauf, Ihren Stift beim Üben nicht zu fest zu umfassen. Bleiben Sie locker! In den Flow des Schreibens kommen Sie nur in entspannter Haltung.

HÄUFIGE VERBINDUNGEN

imimimimi

unununun

adagadaga

gleglegleglegle

VERBINDUNGEN, DIE MIR (NOCH) SCHWERFALLEN

MEIN TEXT-RAUM-BILD AUFGERÄUMT ODER CHAOTISCH?

Die Art und Weise, wie wir einen geschriebenen Text auf ein begrenztes Blatt Papier setzen, sagt auch etwas darüber aus, wie wir uns als Mensch in unserem sozialen Umfeld organisieren. Haben Sie sehr nahe am oberen Rand zu schreiben begonnen? Das könnte darauf hindeuten, dass Sie sehr um Anpassung bemüht sind. Ein guter Abstand wären hier bei einem DIN-A4-Blatt drei bis vier Zentimeter.

Rückt Ihre Schrift sehr nahe an den linken Rand heran? Hier drückt sich ein Schutzbedürfnis aus. Sie sind unter Umständen übervorsichtig und halten an Vergangenem fest. Dasselbe gilt, wenn der Linksrand von oben nach unten abnimmt. Als ideal gilt hier ein Abstand von zwei Zentimetern.

Rückt Ihre Schrift sehr nahe an den rechten Rand heran? Es könnte ein Hinweis darauf sein, dass es Ihnen an Organisation fehlt, Sie häufig Ihre Zeit und Kraft falsch einteilen. Wer dagegen einen breiten Rechtsrand lässt, möchte andere nur ungern an sich herankommen lassen und ist sehr auf seinen persönlichen Freiraum bedacht. Ein guter Abstand für den rechten Rand: 1,5 bis zwei Zentimeter.

Nutzen Sie den Platz bis ganz zum unteren Rand aus? Sie sind in Ihrem Denken und Tun sorgsam, nichts wird vergeudet. Werden auch die Zeilenabstände nach unten hin enger, kann das darauf hindeuten, dass Sie manchmal zuviel auflaufen lassen, bevor Sie aktiv werden. Versuchen Sie, einen Mindestabstand von zwei Zentimetern zum unteren Rand einzuhalten – Sie werden sich befreiter fühlen.

TIPP

Gehen Sie ruhig mal in die Breite! Ein Text kann im Querformat ganz anders wirken. Ein leeres Querformat suggeriert viel Platz und lässt Sie beim Schreiben automatisch lockerer werden. Ausprobieren!

ICH HOL NUR SCHNELL
GUTE LAUNE

Schreiben
SIE SICH
GLÜCKLICH

Beim Schreiben von Hand treten wir in Kontakt mit uns selbst – das kann gerade in unserem durchgetakteten, digitalen Zeitalter eine bereichernde Erfahrung sein. Gönnen Sie sich hier und jetzt Ihre persönliche, analoge Schreib-Auszeit! Auf der „Spielwiese" können Sie nach Herzenslust experimentieren, während acht Gute-Laune-Projekte Ihr kreatives Potenzial herausfordern.

AUF DER „SPIELWIESE“

ERLAUBT IST, WAS GEFÄLLT

Schreiben soll vor allem eines: Spaß machen. Auf den vorhergehenden Seiten haben Sie erfahren, warum es so wichtig und wünschenswert ist, das Schreiben mit der Hand beizubehalten und welche Möglichkeiten es gibt, sich mit der eigenen Schrift auseinanderzusetzen und sie weiterzuentwickeln.

Auf den folgenden Seiten geht es um die Freude am Tun und um das schöpferische Potenzial in jedem von uns, das nur darauf wartet, aktiviert zu werden. Schreiben bringt uns in Kontakt mit uns selbst, das ist eine wunderbare Gelegenheit, damit auch unsere Persönlichkeit zu entwickeln.

Aber: Betrachten Sie Schreiben nicht als bierernste Angelegenheit! Gehen Sie entspannt und spielerisch an die Sache heran, dann kommt der Spaß ganz von alleine.

Die folgenden Seiten sind Ihre persönliche Spielwiese: Hier können Sie nach Herzenslust mit Stiften, Farben und Buchstaben experimentieren. Der schöne Nebeneffekt dabei: Sie bekommen wie von selbst ein Gespür für Ihre Handschrift, für das, was Ihnen daran gefällt und für das, was Sie verbessern möchten. Das Ausprobieren gibt Ihnen die Chance, Dinge umzusetzen, an die Sie vielleicht noch nicht gedacht haben.

Also los, die ganze Welt des Schreibens wartet auf Sie!

TIPP

Haben Sie Kinder im Grundschulalter? Werfen Sie ruhig einmal einen Blick in deren Übungsblätter und Lehrbücher aus dem Schreibunterricht. Oder, noch besser: Üben Sie zusammen mit Ihren Kindern! Eine schöne Handschrift für alle – gemeinsam macht's noch mehr Spaß.

BUCHSTABENGRÖSSE

Suchen Sie ein schönes Wort oder nehmen Sie das Beispiel „Sternschnuppe" und schreiben Sie es mit großen Buchstaben auf die Seite.

Nun schreiben Sie dasselbe Wort mehrmals ganz klein.

Womit fühlen Sie sich wohler?
Was fühlt sich für Ihre Schreibhand besser an?

SCHREIBGESCHWINDIGKEIT UND -DRUCK

Schreiben Sie ein Wort Ihrer Wahl oder das Beispiel „Glückskind" mehrmals ganz langsam und ohne Druck.

Schreiben Sie nun mehrmals ganz schnell und mit viel Druck.

Spüren Sie den beiden Schreibweisen nach. Was macht das mit Ihnen? Was fühlt sich für Sie natürlicher an?

BUCHSTABENABSTAND

Schreiben Sie ein Wort Ihrer Wahl oder das Beispiel „Traumtänzerin" mehrmals mit ganz weitem Buchstabenabstand.

Schreiben Sie es nun mehrmals mit ganz engem Buchstabenabstand.

Wie verändert sich Ihre Handschrift?

Kombinieren Sie nun beides. Seien Sie kreativ, verwenden Sie Stifte mit unterschiedlichen Stärken und Farben!

Traumtänzerin

Und noch mehr Platz auf Ihrer Schreibspielwiese!

Montag

montag

RUND UND ZACKIG

Schreiben Sie ein Wort Ihrer Wahl oder das Beispiel „Sonnengruß" mehrmals mit extrem breiten, runden Buchstaben

Schreiben Sie es nun mehrmals mit extrem engen, zackigen Buchstaben.

Entdecken Sie ganz neue Seiten an Ihrer Handschrift?
Gibt es einzelne Buchstaben, die Ihnen spontan gefallen?

RECHTS- ODER LINKSNEIGUNG

Schreiben Sie ein Wort Ihrer Wahl oder das Beispiel „Pusteblume" und ändern Sie bewusst den Winkel, indem Sie stark nach rechts geneigt schreiben.

Schreiben Sie das Wort nun mehrmals mit einer starken Linksneigung.

Mag Ihre Schreibhand beides? Was fühlt sich natürlicher an?

HÄNDCHEN WECHSEL DICH

Schreiben Sie ein Wort Ihrer Wahl oder das Beispiel „Farbenspiel" mehrmals mit Ihrer ungewohnten Schreibhand. Also: Wer normalerweise den Stift rechts hält, schreibt nun mit der linken Hand und umgekehrt.

Schreiben Sie das Wort nun mehrmals mit Ihrer normalen Schreibhand, aber mit geschlossenen Augen.

Hilfe, Kontrollverlust! Mit diesen beiden Arten zu schreiben überlisten Sie Ihr jahrelang antrainiertes Schreibbewusstsein. Genau das kann aber auf neue Wege und zu mehr Kreativität führen. Schreiben Sie ruhig öfter einmal mit geschlossenen Augen. Sie werden merken, dass Ihre Schreibbewegungen bald sicherer und flüssiger werden.

Mache Pausen
anstatt aufzugeben.

MERKE:
Was dich nicht glücklich macht,
kann weg

Don't forget to smile

Schön, dass es dich gibt

Für die Welt bist du **IRGENDJEMAND**,
aber für **IRGENDJEMAND** bist du die Welt

Do what you really love

Love your writing

Lass das Abenteuer beginnen

SAME, SAME – BUT DIFFERENT

Wählen Sie einen der Sprüche auf der linken Seite oder finden Sie selbst ein Zitat. Legen Sie sich so viele Schreibwerkzeuge wie möglich zurecht, vom Bleistift über den Füller bis zum breiten Marker.

Schreiben Sie nun ein und denselben Satz, jedes Mal mit einem anderen Stift. Beginnen Sie mit dem härtesten Bleistift, den Sie finden.

Schreiben Sie nun denselben Spruch – oder einen anderen –, indem Sie ganz bewusst die Ober- und Unterlängen betonen. Wählen Sie dazu Ihr Lieblingsschreibwerkzeug oder experimentieren Sie wieder mit verschiedenen Stiften.

Don't forget to smile.

Füllen Sie diese Seite nun mit ganz beliebigen Wörtern und Satzzeichen. Versuchen Sie, möglichst wenig Kontrolle über das auszuüben, was Sie schreiben. Setzen Sie Ihr Schreibwerkzeug möglichst nicht ab, bleiben Sie bis zum Ende der Seite im Flow.

MEINE SCHREIBZEIT

MIT MIR

Schreiben erscheint uns als etwas Alltägliches, und doch tun wir es im Alltag immer weniger. Wir sind digital unterwegs, statt Briefe schreiben wir Mails, wir versenden SMS-Nachrichten und Whatsapp-Botschaften und tippen sogar unsere Einkaufs- und To-Do-Listen in unser Smartphone.

Dabei haben wir alle gelernt, mit der Hand zu schreiben und damit einen Teil unserer Persönlichkeit auszudrücken. Warum sollten wir etwas, das uns in Fleisch und Blut übergegangen ist, das ganz selbstverständlich unser Selbst spiegelt, so sträflich vernachlässigen oder sogar aufgeben? Wenn wir uns auf einem Stuhl niederlassen, den Stift in die Hand nehmen, das Papier unter unserer Hand spüren, dann treten wir in Kontakt mit uns selbst – und erleben diesen Moment bewusst.

SCHREIBEN TUT GUT

Ein Kennzeichen unserer heutigen Zeit ist ihre von vielen so empfundene Schnelllebigkeit. Wir meinen ständig, zu wenig Zeit zu haben. Wir wollen möglichst viel in möglichst kurzer Zeit erledigen, dazu noch maximal viel erleben und ja nichts verpassen. Eine unheilvolle Spirale, die zu Druck und Stress führt.

Ein wirksames Mittel, der lärmenden Welt um uns herum und in unserem Kopf entgegenzutreten, ist Achtsamkeit. Achtsam sein bedeutet, Verbindung zu sich aufzunehmen und seine eigenen Bedürfnisse wieder zu spüren. Genau das kann Ihnen gelingen, wenn Sie dem Schreiben von Hand wieder mehr Aufmerksamkeit widmen. Wenn Sie es als bewusstes Innehalten, als analoge Auszeit betrachten, in der Sie sich selbst begegnen können.

Salieri
VALE
70
MINUTI
Am 8. 2. 40.
Liebe Mina!
SERIE G
N° 383077
REPUBBLICA ITALIANA
MINISTERO PER I BENI CULTURALI

SCHREIBEND IN KONTAKT TRETEN

Schaffen Sie sich ganz bewusst ein- oder mehrmals in der Woche den Raum und die Zeit, die nur Ihnen und Ihren Schreibplänen gehört. Nehmen Sie sich Projekte vor, an denen Sie Spaß haben – verschiedene Schreibstile ausprobieren, der besten Freundin eine Postkarte schreiben, mit Schrift und Wasserfarben experimentieren. Fangen Sie mit kleinen Entwürfen an und steigern Sie sich allmählich. Die Gute-Laune-Projekte auf den folgenden Seiten bieten dazu Anregungen in Hülle und Fülle.

Machen Sie sich bewusst, dass es erst einmal darum geht, beim Schreiben eine Verbindung mit dem eigenen Selbst aufzunehmen. Je mehr Sie schreiben, desto leichter wird es Ihnen fallen. Sie können jederzeit an Ihrer Schrift arbeiten und sich neue Buchstabenformen angewöhnen, Sie müssen nur konsequent dranbleiben. Je offener Sie sind, desto mehr Inspirationen und Freiheit beim Schreiben werden sich einstellen. Und das wird sich wiederum positiv auf Ihr Selbstbild auswirken.

Betrachten Sie das Schreiben als kleine Auszeit, die nur Ihnen gehört. Freuen Sie sich darauf, im Fluss des Schreibens ganz bei sich zu sein. Haben Sie Geduld mit sich und genießen Sie es, etwas für sich zu tun.

TIPP

Wetten, es gab eine Zeit in Ihrem Leben, in der Sie mehr geschrieben haben? Begeben Sie sich doch einmal auf die Suche nach Zeugnissen Ihrer eigenen Schreibvergangenheit. Das können alte Schulhefte sein, Tagebucheinträge oder das Rezept für ein ehemaliges Lieblingsgericht. Vielleicht haben Sie sogar die Kopie eines alten (Liebes)Briefes aufgehoben, weil Sie ihn damals so gelungen fanden? Schauen Sie sich Ihr „altes" Geschriebenes an: Was gefällt Ihnen, was nicht? Wo möchten Sie gerne (wieder) hin?

DER ZAUBER SCHÖNER WÖRTER

Geht Ihnen das auch manchmal so? Sie lesen oder hören ein Wort – und verlieben sich spontan, in seinen Klang, seine lautmalerische Bedeutung oder einfach nur, weil es perfekt eine bestimmte Stimmung ausdrückt. Die deutsche Sprache ist unglaublich reich an solch ausdrucksstarken und nuancenreichen Wörtern.

Machen Sie es sich zur Gewohnheit, in Zukunft jedes Wort, das Sie innerlich anspricht, zu notieren. Damit legen Sie einen schönen Fundus an, aus dem Sie beim Üben schöpfen können – denn schöne Wörter schön zu schreiben, bringt doppeltes Vergnügen!

Augenweide
Glückskind
Naseweis
Kinkerlitzchen
Streicheleinheit
Knusperkeks
Habseligkeiten
Wetterleuchten
Flohzirkus
Luftikus
Herzensdinge
saumselig
Schneckenpost
Schabernack
quicklebendig
mucksmäuschenstill
weltvergessen
Zweisamkeit
Luftschloss
Liebesperlen
Sternenstaub

MEINE GLÜCKSWÖRTER

MEINE SEELENTRÖSTER- UND MUTWÖRTER

GUTE-LAUNE-PROJEKTE

WÖRTER UND SCHRIFTSTILE SAMMELN

Andere Menschen sammeln Minifiguren aus Überraschungseiern, Uhren einer bestimmten Marke oder hübsche Gläser. Sie sammeln ab jetzt: Wörter. Und Buchstabenformen!

Geschriebenes begegnet Ihnen nämlich nicht nur in Büchern und Zeitschriften, sondern auch in der täglichen Umgebung: auf Plakaten, als Slogans auf T-Shirts, auf Ladenschildern. Halten Sie die Augen offen: Der deutliche Trend zum Handschriftlichen, der uns in Kreativtechniken wie Chalk- oder Handlettering begegnet, zeigt sich beispielsweise auch in schön gestalteten Hinweisschildern, Speisekarten oder Postkarten mit originell gestalteten Sprüchen.

Vieles von dem, was Sie entdecken, kann Ihnen als Anregung für die Entwicklung Ihrer eigenen Handschrift dienen. Gefällt Ihnen eine bestimmte Buchstabenform besonders? Mögen Sie speziell den Schwung dieses Großbuchstabens? Machen Sie ihn zu Ihrem eigenen Schwung!

TIPP

Schauen Sie sich auf Pinterest oder Instagram um, dort finden Sie ebenfalls jede Menge Inspirationen zum Thema Handschrift. Vielleicht bekommen Sie auch Lust, verschiedene Lettering-Stile auszuprobieren? Hier helfen Tutorials und Anleitungen auf Youtube oder in Büchern weiter.

EXKURS: SCHREIBEN MIT DER FAUX-CALLIGRAPHY-TECHNIK

Eine sehr effektvolle und dabei einfache Methode, einzelnen Buchstaben oder auch ganzen Schriftzügen ein besonderes Aussehen zu verleihen, ist die „Faux Calligraphy" oder auch „Falsche Kalligrafie". Ihren Namen hat sie daher, weil mit dieser Technik ein Schriftbild imitiert wird, das man normalerweise durch das kalligrafische Schreiben mit einer Spitzfeder erhält. Verstärkt man mit der Feder bei den abwärts geführten Strichen den Druck, werden diese so genannten Abstriche automatisch dicker.

Das grundlegende Prinzip bei der „Faux Calligraphy" besteht also darin, die Abstriche zu verstärken. Das geschieht, indem man bei allen abwärts verlaufenden Strichen der Buchstaben eine zweite, parallele Linie anfügt. Sobald der Abstrich in einen Aufstrich, also eine noch oben führende Linie, übergeht, endet die parallele Kontur. Die auf diese Weise entstandenen Weißräume füllt man anschließend mit dem Stift aus.

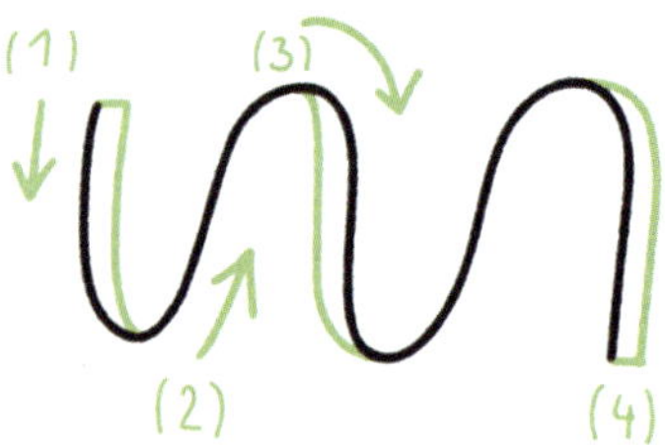

1 Parallel zum Abstrich verläuft eine zweite Linie

2 Der Aufstrich bleibt, wie er ist

3 Wo der Aufstrich in einen Abstrich übergeht, wird abermals eine parallele Kontur gezeichnet

4 Offene Parallelen werden geschlossen

FAUX CALLIGRAPHY

Haben Sie Lust bekommen, Faux Calligraphy einmal selbst auszuprobieren? Nur zu! Zeichnen Sie zuerst die Buchstaben nach, verdoppeln Sie dann die Abstriche und malen Sie zum Schluss die Weißräume aus.

DIE WORTSCHATZKISTE FÜLLEN

Manche Wörter fliegen uns einfach zu, aber nun begeben wir uns aktiv auf die Suche nach ungewohnten oder geheimnisvollen Wortschöpfungen.

Das Pflanzen- und Tierreich ist hier eine sprudelnde Inspirationsquelle: Wie mag wohl die Echte Mondraute oder der Dukaten-Feuerfalter aussehen? In welchen Meeren schwimmt der Riesenkalmar und wo singt der Orpheusspötter? Aber auch Farbbezeichnungen oder Stoffqualitäten eignen sich bestens, um die eigene Wortschatzkiste zu füllen: Was verbirgt sich wohl hinter Chinacridon oder Gabardine? Sammeln Sie die Wörter in einem eigenen Heft und lassen Sie sich dann von ihrem Klang inspirieren: Schreiben Sie jedes Wort in einem Stil, der Ihnen passend zum Wort erscheint: rund, verschnörkelt, eckig, fließend …

MIT NATURMATERIALIEN SCHREIBEN

Jedes Schreibgerät hat bestimmte Auswirkungen auf die Art, wie Sie schreiben, aber wer sagt denn, dass es immer eine Miene oder Feder haben muss?

Es kann sehr spannend sein, sich beispielsweise einmal in der Natur umzusehen. Auch wenn es Ihnen ungewöhnlich erscheint – bringen Sie von Ihrem nächsten Waldspaziergang kleine Äste oder verschiedene Blätter mit Stielen mit. Auch sonst eignet sich zum Schreiben allerlei: biegsame Rohrpflanzen, schräg abgeschnittene Blumenstängel, Ähren, feste Halme, Vogelfedern …

Tauchen Sie Ihr Schreibutensil in ein Glas mit Tinte oder Tusche und lassen Sie sich überraschen, welche Strich- und Schreibformen damit möglich sind. Oft ist es ja das zunächst Fremde, Ungewohnte, das uns neue Impulse gibt und den kreativen Funken entzündet.

enjoy
the
little
things

MIT DEM FÜLLER SCHREIBEN – DIE KÖNIGSDISZIPLIN

Auch, wenn Sie es seit Ihrer Schulzeit nicht mehr getan haben: Die Zeit ist reif für das Schreiben mit einem Füller! Nichts gibt Ihrer Handschrift mehr Ausdruck und Charakter. Wenn Sie schon länger mit einem Füllerkauf liebäugeln – tun Sie's! Die Anschaffung eines Füllers macht sich in jedem Fall bezahlt – so lange es ein Schreibgerät ist, das zu Ihnen passt, gut in der Hand liegt und dessen Feder auf Ihre Handhaltung abgestimmt ist.

Ein Füllerkauf ist keine Sache, die in fünf Minuten erledigt ist. Bringen Sie also Zeit und gute Laune mit und lassen Sie sich in einem guten Schreibwarengeschäft beraten. Meist wird man Ihnen mehrere Modelle zeigen, die Sie natürlich auch testen dürfen. Federn sind normalerweise in den Stärken fein, mittel und breit verfügbar und lassen sich auch austauschen. Vereinbaren Sie, dass Sie die gekaufte Feder innerhalb einer vertretbaren Frist umtauschen dürfen, falls Sie zuhause feststellen, dass Sie doch lieber mit einer mittleren statt mit einer feinen Federspitze schreiben. Und dann: nichts wie los! Hier kommen fünf Gründe, warum Sie auf jeden Fall (auch) mit dem Füller schreiben sollten.

MIT DEM FÜLLER SCHREIBT MAN SCHÖNER. Menschen, die in Besitz eines Füllers sind, dessen Feder schon so gut „eingeschrieben" ist, dass die Buchstaben gleichsam herausfließen, werden das bestätigen. Das zahlt sich auch beim schnelleren Schreiben aus – nichts verschmiert, die Schrift bleibt trotzdem definiert und leserlich. Umgekehrt wird Ihnen ein Füller zu einer schöneren Schrift verhelfen. Vielleicht bremst es Sie am Anfang etwas aus, sich mit dem ungewohnten Schreibgerät anzufreunden – umso besser, denn dann schreiben Sie automatisch langsamer und bewusster. Ihre Schrift wird es Ihnen danken.

EIN FÜLLER IST AUSDRUCK VON INDIVIDUALITÄT. Kuli kann jeder – deshalb haben wir auch überall einen herumliegen, mit Werbeaufdrucken der Tankstelle, der Supermarktkette oder des Urlaubshotels. Billig produziert und zum Wegwerfen gedacht, wenn die Miene leer ist. Weit entfernt von Schreibgenuss. Mit einem Füller hingegen zeigen wir Sinn für Wertigkeit und unseren eigenen Stil. Wer möchte, kann hier durchaus in einer hohen Preisklasse mitspielen – dann ist der Füller sogar ein Statussymbol.

EIN FÜLLER IST LANGLEBIG. Wer einen hochwertigen Füller kauft, wird lange Freude daran haben. Federn kann man austauschen, andere Teile lassen sich oft ersetzen oder reparieren. Ein gut eingeschriebener Füller wird immer besser, je länger wir ihn besitzen. Auch möglich: Stöbern Sie auf Flohmärkten nach alten Füllfederhaltern. Diese haben oft schon eine gut eingeschriebene, geschmeidige Feder.

EIN FÜLLER IST VIELSEITIG. Keine Lust auf Dunkelblau oder Schwarz? Aber vielleicht auf Smaragdgrün oder Violett? Für die meisten Füller gibt es heutzutage Patronen oder Tinte im Glas in vielen Farbvarianten. Probieren Sie mal eine andere Füllerfarbe aus, und schauen Sie, wie Ihnen Ihr Schriftbild damit gefällt – manchmal wirkt es ganz anders. Dasselbe gilt für die Schreibfeder: Lassen Sie sich im Schreibwarengeschäft eine andere Feder einsetzen und testen Sie, ob Sie mit einer feinen Spitze ebenso zurechtkommen wie mit einer breiten.

EIN FÜLLER IST EIN STÜCK SCHREIBKULTUR. Schreiben ist eine Kulturtechnik, die wir uns über Jahrtausende angeeignet haben. Diese Technik zu vernachlässigen oder gar mehr und mehr zu verlernen, käme einem Verlust unserer Identität gleich. Mit einem Füller, der für sorgsames Schreiben steht, führen wir die Tradition der Handschrift fort und betonen gleichzeitig die Wertigkeit des Handgeschriebenen.

WEISS AUF SCHWARZ

Schwarz und Blau sind die beliebtesten Stiftfarben, und damit schreiben wir zumeist auf weißem Papier. Aber haben Sie es auch schon einmal andersherum probiert? Weiße Schrift auf schwarzem Papier empfindet unser Auge als ungewöhnlich, und deshalb gewinnt auch unsere Handschrift dadurch eine neue, interessante und ungewohnte Anmutung.

Lust auf einen „Farbwechsel"? Gönnen Sie sich doch beim nächsten Stadtbummel einen Besuch in einem guten Schreibwaren- oder Künstlerbedarfsladen. Doch Vorsicht: Ein bisschen Zeit müssen Sie schon mitbringen, denn beim Stöbern zwischen den vielen wunderbaren Papieren und beim Ausprobieren der Stifte verfliegen die Minuten im Nu.

Natürlich muss es nicht nur Weiß auf Schwarz sein – auf Grau, Dunkelblau oder Bordeauxrot macht sich Weiß ebenso gut. Für festliche Anlässe sind natürlich auch silber- und goldfarbene Stifte oder Tuschen auf dunklen Papieren eine schöne Option.

SCHNELLE SCHNÖRKEL

Schnörkel sind kleine Liebeserklärungen an den Buchstaben und eine wunderbare Methode, spielerische Akzente zu setzen und Geschriebenem eine persönliche Note zu verleihen. Auch Schnörkel wollen geübt sein – Sie werden bald den schwungvollen Bogen raushaben! Großen Spaß macht es auch, ab und zu schnelle, unvollkommene Schnörkel an alles zu setzen, was Sie mit der Hand schreiben, auch auf Einkaufslisten oder Post-it-Zettel!

Schnörkel schmücken auf spielerische Art und Weise die Schrift. Sie können am Buchstabenanfang oder am Ende stehen oder Zwischenräume ausfüllen. Auch wenn Sie im Alltag eine nüchterne, geradlinige Schrift bevorzugen – versuchen Sie sich doch einfach einmal spaßeshalber an ein paar Schnörkeln. Sie werden sehen, es macht Laune und entspannt zusätzlich Ihre Hand.

EXKURS: HOW TO SCHNÖRKEL

Und jetzt sind Sie dran! Schnörkeln Sie sich über die Seite – erfinden Sie eigene Formen, spielen Sie mit dem Stift und verschlungenen Ringeln. Erlaubt ist alles!

TIPP

Hören Sie Ihre Lieblingsmusik, wenn Sie Schnörkel üben – das macht Laune und beschwingt.

PAPARDELLE ALLA SICILIANA

Urlaub – das bedeutet für die meisten von uns gutes Wetter, eine inspirierende Umgebung, mal wieder ausschlafen und gut essen.

Wie gerne nehmen wir dann die Speisekarte des kleinen Bistros um die Ecke, der angesagten Pizzeria oder des exklusiven Fischrestaurants in die Hand und freuen uns an den fantasievollen Namen der Gerichte, die bald auf unserem Teller landen! Bringen Sie doch bei Ihrem nächsten Restaurantbesuch im Urlaub ein Notizbuch mit und notieren Sie all die wunderbaren, so verheißungsvoll klingenden Namen: Confit aux Légumes, Zarzuela de Pescado, Semifreddo, Skandinavisk Älsking …

Ein kleiner Aufwand, und schon hat sich Ihr Wortschatzkästlein mit weiteren neuen Kostbarkeiten gefüllt, die nur darauf warten, bei passender Gelegenheit von Ihrem Stift zu neuem Leben erweckt zu werden.

TIPP

Sammeln Sie im Urlaub auch andere, wohlklingende Wörter in fremden Sprachen. Sollten Sie später ein Ferien-Fotobuch gestalten, können Sie einige dieser Wörter nachträglich mit einem wasserfesten Stift handschriftlich eintragen – das gibt dem Ganzen einen sehr persönlichen Touch.

KLEINE WASSERFARBEN-BOTSCHAFT

Oft geschieht es ganz automatisch: Wir verzieren unsere geschriebenen Listen, Notizen oder Botschaften mit kleinen Symbolen wie Smileys, Herzen oder Sternchen. Noch viel mehr Spaß macht es aber, wenn Farben ins Spiel kommen, denn sie werten unsere handgeschriebenen Zeilen noch einmal richtig auf.

Besonders schön sind hier Wasser- oder Aquarellfarben – einfach deshalb, weil sie leicht zu handhaben und so vielseitig sind. Kleine farbige Tupfer und Schmuckelemente sind schnell aufs Papier gebracht und während sie trocknen, faszinieren sie durch die Muster, die sich durch die Mischung von Wasser und Farbe ergeben.

FARBIGE HINTERGRÜNDE

Möglich ist auch, bereits vor dem Schreiben einen farbigen Hintergrund auf dem Papier anzulegen. Sehr schön sind sanfte Farbverläufe, dazu müssen Sie die Wasserfarben gut mit Wasser verdünnen. Für Schmuckelemente eignen sich Rundpinsel aus Synthetik am besten, für Verläufe nehmen Sie am besten einen Flachpinsel.

Achten Sie in jedem Fall darauf, ein dickeres Papier zu verwenden! Normales Schreibpapier ist ungeeignet, es wellt sich ganz schnell und reißt womöglich, wenn die Farbe zu wässrig ist. Ideal ist natürlich Aquarellpapier, es ist in vielen Oberflächenbeschaffenheiten und Qualitäten erhältlich.

AQUARELLFARBEN MACHEN SPASS

Um sich mit den Möglichkeiten der Kombination von Schrift und Farbe vertraut zu machen, reicht ein normaler Schul-Wasserfarbkasten völlig aus. Vielleicht finden Sie ja Gefallen daran – dann wäre die Anschaffung eines kleinen Aquarellfarbkastens eine Überlegung wert. Die Leuchtkraft dieser Farben ist einfach unübertroffen und es macht großen Spaß, mit ihnen zu experimentieren.

Viel Glück
DAS LEBEN LEUCHTEN LASSEN

BE Original
Alles wird gut !!!
Wir sind im Garten
Ja!

MEINE 30-Tage-SCHREIB-CHALLENGE

Stürzen Sie sich hinein in Ihr Schreibabenteuer und stellen Sie sich der Challenge! Lassen Sie sich dazu anspornen, vier Wochen lang eine der hier versammelten Schreibaufgaben – von leicht bis anspruchsvoll – zu bearbeiten. Sie können jeden Tag eine Aufgabe nach Lust und Laune auswählen. Die Challenge-Box hilft Ihnen anschließend bei der Bewertung des Schreibauftrags und bietet Platz für Notizen zum Thema.

minimal verklemmt

1

Schreiben Sie ganz bewusst und leserlich einen Einkaufszettel für Ihren nächsten Einkauf.

DATUM:			MEINE NOTIZEN
DIESE CHALLENGE ...	JA	NEIN	
... hat mir Spaß gemacht	☐	☐	
... war eine echte Herausforderung für mich	☐	☐	
... hat mich motiviert, mit dem Schreiben weiterzumachen	☐	☐	
... werde ich bei Gelegenheit wiederholen	☐	☐	

2

Schreiben Sie im Büro eine nette Post-it-Botschaft und kleben Sie den Zettel an den PC einer Kollegin oder eines Kollegen.

DATUM:			MEINE NOTIZEN
DIESE CHALLENGE ...	JA	NEIN	
... hat mir Spaß gemacht	☐	☐	
... war eine echte Herausforderung für mich	☐	☐	
... hat mich motiviert, mit dem Schreiben weiterzumachen	☐	☐	
... werde ich bei Gelegenheit wiederholen	☐	☐	

3

Wenn Geld keine Rolle spielt – was wäre Ihr nächstes Urlaubsziel? Was würden Sie dort alles unternehmen?

DATUM:			MEINE NOTIZEN
DIESE CHALLENGE ...	JA	NEIN	
... hat mir Spaß gemacht	☐	☐	
... war eine echte Herausforderung für mich	☐	☐	
... hat mich motiviert, mit dem Schreiben weiterzumachen	☐	☐	
... werde ich bei Gelegenheit wiederholen	☐	☐	

4

Schreiben Sie kleine Texte zu Ihren Lieblingsfotos aus dem letzten Urlaub.

DATUM:			MEINE NOTIZEN
DIESE CHALLENGE ...	JA	NEIN	
... hat mir Spaß gemacht	☐	☐	
... war eine echte Herausforderung für mich	☐	☐	
... hat mich motiviert, mit dem Schreiben weiterzumachen	☐	☐	
... werde ich bei Gelegenheit wiederholen	☐	☐	

5

Stellen Sie sich vor, eine liebe Freundin kommt für einen Tag zu Besuch in den Ort, in dem Sie wohnen. Schreiben Sie eine Liste mit all den Sehenswürdigkeiten, die sie anschauen kann. Ergänzen Sie die Liste mit Tipps für Restaurants, Cafés oder Bars.

DATUM:			MEINE NOTIZEN
DIESE CHALLENGE …	JA	NEIN	
… hat mir Spaß gemacht	☐	☐	
… war eine echte Herausforderung für mich	☐	☐	
… hat mich motiviert, mit dem Schreiben weiterzumachen	☐	☐	
… werde ich bei Gelegenheit wiederholen	☐	☐	

6

Suchen Sie ein Mantra, das Ihnen in stressigen Zeiten zu innerer Stärke verhilft. Schreiben Sie es zehn Mal auf.

DATUM:			MEINE NOTIZEN
DIESE CHALLENGE …	JA	NEIN	
… hat mir Spaß gemacht	☐	☐	
… war eine echte Herausforderung für mich	☐	☐	
… hat mich motiviert, mit dem Schreiben weiterzumachen	☐	☐	
… werde ich bei Gelegenheit wiederholen	☐	☐	

Manche Tage
muss man einfach
ZUCKERN
zuckerblume
zuckermaus

7

Suchen Sie einen Satz aus und schreiben Sie ihn zehn Mal mit zehn verschiedenen Schreibwerkzeugen auf – vom harten Bleistift bis zum Pinsel. Wie fühlt sich das an? Achten Sie auf die Unterschiede!

DATUM:			MEINE NOTIZEN
DIESE CHALLENGE ...	JA	NEIN	
... hat mir Spaß gemacht	☐	☐	
... war eine echte Herausforderung für mich	☐	☐	
... hat mich motiviert, mit dem Schreiben weiterzumachen	☐	☐	
... werde ich bei Gelegenheit wiederholen	☐	☐	

8

Erstellen Sie eine Fantasie-Einkaufsliste mit Dingen, die Ihnen zu Ihrem Glück noch fehlen.

DATUM:			MEINE NOTIZEN
DIESE CHALLENGE ...	JA	NEIN	
... hat mir Spaß gemacht	☐	☐	
... war eine echte Herausforderung für mich	☐	☐	
... hat mich motiviert, mit dem Schreiben weiterzumachen	☐	☐	
... werde ich bei Gelegenheit wiederholen	☐	☐	

9

Schreiben Sie den Text Ihres Lieblingssongs auf. Heben Sie einzelne Worte oder Passagen, die Ihnen wichtig erscheinen, hervor, indem Sie diese Wörter betont in einem anderen Schriftstil schreiben.

DATUM:			MEINE NOTIZEN
DIESE CHALLENGE …	JA	NEIN	
… hat mir Spaß gemacht	☐	☐	
… war eine echte Herausforderung für mich	☐	☐	
… hat mich motiviert, mit dem Schreiben weiterzumachen	☐	☐	
… werde ich bei Gelegenheit wiederholen	☐	☐	

10

Ergänzen Sie den Satz: „Ich liebe das Leben, weil …". Schreiben Sie zehn Gründe auf, jedes Mal in einem neuen Satz.

DATUM:			MEINE NOTIZEN
DIESE CHALLENGE …	JA	NEIN	
… hat mir Spaß gemacht	☐	☐	
… war eine echte Herausforderung für mich	☐	☐	
… hat mich motiviert, mit dem Schreiben weiterzumachen	☐	☐	
… werde ich bei Gelegenheit wiederholen	☐	☐	

11

Erstellen Sie eine Liste mit kleinen Dingen, mit denen Sie Ihre Liebsten überraschen möchten. Schreiben Sie dazu, wie und wann Sie Ihre Pläne konkret in die Tat umsetzen können.

DATUM:			MEINE NOTIZEN
DIESE CHALLENGE ...	JA	NEIN	
... hat mir Spaß gemacht	☐	☐	
... war eine echte Herausforderung für mich	☐	☐	
... hat mich motiviert, mit dem Schreiben weiterzumachen	☐	☐	
... werde ich bei Gelegenheit wiederholen	☐	☐	

12

Schreiben Sie heute fünf Postkarten an fünf verschiedene Menschen, die Ihnen am Herzen liegen.

DATUM:			MEINE NOTIZEN
DIESE CHALLENGE ...	JA	NEIN	
... hat mir Spaß gemacht	☐	☐	
... war eine echte Herausforderung für mich	☐	☐	
... hat mich motiviert, mit dem Schreiben weiterzumachen	☐	☐	
... werde ich bei Gelegenheit wiederholen	☐	☐	

13

Schreiben Sie den romantischsten Liebesbrief aller Zeiten, ohne ihn abzuschicken.

DATUM:			MEINE NOTIZEN
DIESE CHALLENGE …	JA	NEIN	
… hat mir Spaß gemacht	☐	☐	
… war eine echte Herausforderung für mich	☐	☐	
… hat mich motiviert, mit dem Schreiben weiterzumachen	☐	☐	
… werde ich bei Gelegenheit wiederholen	☐	☐	

14

Morgen kommen Handwerker und streichen Ihre Wohnung! Jedes Zimmer in einer anderen Farbe. Machen Sie eine Liste mit Ihren Wünschen und schreiben Sie dazu, was Sie mit dieser Farbe verbinden und welche Stimmung im jeweiligen Raum Sie sich wünschen.

DATUM:			MEINE NOTIZEN
DIESE CHALLENGE …	JA	NEIN	
… hat mir Spaß gemacht	☐	☐	
… war eine echte Herausforderung für mich	☐	☐	
… hat mich motiviert, mit dem Schreiben weiterzumachen	☐	☐	
… werde ich bei Gelegenheit wiederholen	☐	☐	

Guten Morgen
bin Brötchen
holen ...
M.

15

Mit welchen fünf Personen verbringen Sie momentan die meiste Zeit? Schreiben Sie ihre Namen auf. Schreiben Sie jeden Namen in der Art und Weise, die am besten die Persönlichkeit der jeweiligen Person widerspiegelt.

DATUM:			MEINE NOTIZEN
DIESE CHALLENGE ...	JA	NEIN	
... hat mir Spaß gemacht	☐	☐	
... war eine echte Herausforderung für mich	☐	☐	
... hat mich motiviert, mit dem Schreiben weiterzumachen	☐	☐	
... werde ich bei Gelegenheit wiederholen	☐	☐	

16

Schreiben Sie zehn Dinge auf, die Sie an sich selbst mögen. Schreiben Sie keine einzelnen Wörter, sondern ganze Sätze.

DATUM:			MEINE NOTIZEN
DIESE CHALLENGE ...	JA	NEIN	
... hat mir Spaß gemacht	☐	☐	
... war eine echte Herausforderung für mich	☐	☐	
... hat mich motiviert, mit dem Schreiben weiterzumachen	☐	☐	
... werde ich bei Gelegenheit wiederholen	☐	☐	

17

Sammeln Sie Wörter zu einem bestimmten Thema, zum Beispiel „Frühling". Schreiben Sie Ihre Wörter in einer „Wortwolke" (siehe Seite 120) auf, in unterschiedlichen Stilen und Größen.

DATUM:			MEINE NOTIZEN
DIESE CHALLENGE ...	JA	NEIN	
... hat mir Spaß gemacht	☐	☐	
... war eine echte Herausforderung für mich	☐	☐	
... hat mich motiviert, mit dem Schreiben weiterzumachen	☐	☐	
... werde ich bei Gelegenheit wiederholen	☐	☐	

18

Erstellen Sie einen Wunschzettel, bei dem Sie die Hauptrolle spielen. Schreiben Sie all die kleinen Dinge auf, mit denen Sie sich in den nächsten vier Wochen verwöhnen möchten.

DATUM:			MEINE NOTIZEN
DIESE CHALLENGE ...	JA	NEIN	
... hat mir Spaß gemacht	☐	☐	
... war eine echte Herausforderung für mich	☐	☐	
... hat mich motiviert, mit dem Schreiben weiterzumachen	☐	☐	
... werde ich bei Gelegenheit wiederholen	☐	☐	

19

Schreiben Sie eine Einladungskarte für eine Party – auch wenn diese nie stattfindet. Überlegen Sie ein Motto für die Party und heben Sie dieses besonders hervor.

DATUM:	JA	NEIN	MEINE NOTIZEN
DIESE CHALLENGE ...			
... hat mir Spaß gemacht	☐	☐	
... war eine echte Herausforderung für mich	☐	☐	
... hat mich motiviert, mit dem Schreiben weiterzumachen	☐	☐	
... werde ich bei Gelegenheit wiederholen	☐	☐	

20

Heute bringen wir Farben aufs Papier! Gestalten Sie mit Wasser- oder Aquarellfarben und Ihrem persönlichen Stiftfavoriten eine Botschaft an sich selbst oder einen Lieblingsmenschen.

DATUM:	JA	NEIN	MEINE NOTIZEN
DIESE CHALLENGE ...			
... hat mir Spaß gemacht	☐	☐	
... war eine echte Herausforderung für mich	☐	☐	
... hat mich motiviert, mit dem Schreiben weiterzumachen	☐	☐	
... werde ich bei Gelegenheit wiederholen	☐	☐	

BELLINZONA
LUGANO
LOCARNO
Ascona
Minusio
Sementina
Cadenazzo
Gravedona
Pass auf dich auf!

21

Nicht gekauft, sondern selbst gemacht: Lassen Sie ein schönes Foto als Postkarte drucken oder drucken Sie es selbst auf Fotopapier aus und beschriften Sie es dann mit Ihrem derzeitigen Lieblingsspruch. Mit weißen, goldenen oder silbernen Permanentmarkern erzielen Sie übrigens eine tolle Wirkung!

DATUM:			MEINE NOTIZEN
DIESE CHALLENGE …	JA	NEIN	
… hat mir Spaß gemacht	☐	☐	
… war eine echte Herausforderung für mich	☐	☐	
… hat mich motiviert, mit dem Schreiben weiterzumachen	☐	☐	
… werde ich bei Gelegenheit wiederholen	☐	☐	

22

Heute mal Hände weg vom Smartphone! Lassen Sie Ihren Lieben statt einer Whats-App-Nachricht eine Botschaft in geschriebener Form zukommen.

DATUM:			MEINE NOTIZEN
DIESE CHALLENGE …	JA	NEIN	
… hat mir Spaß gemacht	☐	☐	
… war eine echte Herausforderung für mich	☐	☐	
… hat mich motiviert, mit dem Schreiben weiterzumachen	☐	☐	
… werde ich bei Gelegenheit wiederholen	☐	☐	

23

Auch wenn Weihnachten noch weit weg ist – fangen Sie an, einen Adventskalender für Ihren Lieblingsmenschen zu gestalten. Schreiben Sie handschriftlich 24 kleine Zettel, jeden mit einem Grund, warum Ihnen dieser Mensch so wichtig ist und was Sie an ihm lieben.

DATUM:			MEINE NOTIZEN
DIESE CHALLENGE …	JA	NEIN	
… hat mir Spaß gemacht	☐	☐	
… war eine echte Herausforderung für mich	☐	☐	
… hat mich motiviert, mit dem Schreiben weiterzumachen	☐	☐	
… werde ich bei Gelegenheit wiederholen	☐	☐	

24

Denken Sie an all die schönen Orte, die Sie schon bereist haben. Schreiben Sie die Namen der Orte auf, jeden auf eine andere Art und Weise.

DATUM:			MEINE NOTIZEN
DIESE CHALLENGE …	JA	NEIN	
… hat mir Spaß gemacht	☐	☐	
… war eine echte Herausforderung für mich	☐	☐	
… hat mich motiviert, mit dem Schreiben weiterzumachen	☐	☐	
… werde ich bei Gelegenheit wiederholen	☐	☐	

25

Geschenkpapier mal anders: Kaufen Sie einfaches, braunes Packpapier und beschriften Sie es kreuz und quer mit guten Wünschen. Fügen Sie kleine Herzen, Sterne oder Blumen hinzu – wenn Sie mögen. Dickere Fineliner oder Permanentmarker eignen sich hier besonders gut zum Schreiben.

DATUM:			MEINE NOTIZEN
DIESE CHALLENGE ...	JA	NEIN	
... hat mir Spaß gemacht	☐	☐	
... war eine echte Herausforderung für mich	☐	☐	
... hat mich motiviert, mit dem Schreiben weiterzumachen	☐	☐	
... werde ich bei Gelegenheit wiederholen	☐	☐	

26

Was steht ganz oben auf Ihrer To-do-Liste? Erstellen Sie einen Schritt-für-Schritt-Plan, um die Aufgabe in die Tat umzusetzen. Schreiben Sie sorgsam. Vielleicht ergänzen Sie das Ganze noch mit kleinen Symbolen?

DATUM:			MEINE NOTIZEN
DIESE CHALLENGE ...	JA	NEIN	
... hat mir Spaß gemacht	☐	☐	
... war eine echte Herausforderung für mich	☐	☐	
... hat mich motiviert, mit dem Schreiben weiterzumachen	☐	☐	
... werde ich bei Gelegenheit wiederholen	☐	☐	

27

Schreiben Sie eine nette Botschaft, die Sie dann hinter den Scheibenwischer des Autos Ihres immer so hilfsbereiten Nachbars klemmen.

DATUM:			MEINE NOTIZEN
DIESE CHALLENGE ...	JA	NEIN	
... hat mir Spaß gemacht	☐	☐	
... war eine echte Herausforderung für mich	☐	☐	
... hat mich motiviert, mit dem Schreiben weiterzumachen	☐	☐	
... werde ich bei Gelegenheit wiederholen	☐	☐	

28

Schreiben Sie fünf Karten mit positiven Botschaften und hängen Sie diese in der Wohnung auf. Darauf könnten Dinge stehen wie: „Heute bleibe ich ganz gelassen" oder „Die Welt ist ein Ort voller Möglichkeiten".

DATUM:			MEINE NOTIZEN
DIESE CHALLENGE ...	JA	NEIN	
... hat mir Spaß gemacht	☐	☐	
... war eine echte Herausforderung für mich	☐	☐	
... hat mich motiviert, mit dem Schreiben weiterzumachen	☐	☐	
... werde ich bei Gelegenheit wiederholen	☐	☐	

29

Schreiben Sie eine Rezension über Ihr Lieblingsbuch.

DATUM:			MEINE NOTIZEN
DIESE CHALLENGE …	JA	NEIN	
… hat mir Spaß gemacht	☐	☐	
… war eine echte Herausforderung für mich	☐	☐	
… hat mich motiviert, mit dem Schreiben weiterzumachen	☐	☐	
… werde ich bei Gelegenheit wiederholen	☐	☐	

30

Kaufen Sie ein schönes Buch und schreiben Sie in Zukunft jeden Tag etwas hinein: einen Gedanken, der Sie besonders beschäftigt hat, das Rezept für die sensationelle Pistaziencreme, die Titel all jener Bücher, die Sie noch lesen oder der Filme, die Sie noch anschauen möchten. Blättern Sie ab und zu in Ihrem Buch zurück: Können Sie eine Weiterentwicklung Ihrer Handschrift feststellen? Gefällt Ihnen etwas Geschriebenes besonders? Gefällt Ihnen etwas noch gar nicht?

Bleiben Sie dran! Schreiben Sie – denn Schreiben hilft dem Kopf, zu denken, dem Herz zu lieben und Ihrem Selbstbewusstsein auf die Sprünge!

Höre nie auf, anzufangen!

jetzt
Es wird
Zeit

BUCHEMPFEHLUNGEN

FÜR SIE

ISBN 978-3-7724-8341-7

ISBN 978-3-7724-8333-2

ISBN 978-3-7724-8353-0

ISBN 978-3-7724-7466-8

ISBN 978-3-7724-6056-2

ISBN 978-3-7724-8266-3

ISBN 978-3-7724-8343-1

ISBN 978-3-7724-8318-9

ISBN 978-3-7724-8342-4

MIA REUTTER

Schon als Kind begeisterte sich die Autorin für Handschriften: Ihre Eltern hatten einen großen Freundeskreis, und so flatterten ständig Postkarten aus aller Welt ins Haus. Mehr noch als die darauf abgebildeten Orte faszinierten Mia die vielen unterschiedlichen Schriftbilder der Absender. Die meisten dieser Karten besitzt die ausgebildete Kunsthistorikerin heute noch – und findet es schade, dass immer weniger Menschen Mitteilungen von Hand schreiben und damit auf ein individuelles Ausdrucksmittel ihrer eigenen Persönlichkeit verzichten.

Danke!

Einen ganz besonderen Dank an all die Menschen, die mich mit wunderschönen Schriftbeispielen und Fotos unterstützt haben, mir mit Rat und Tat oder einfach einer Tasse Tee zur Seite standen: Armin, Ben, Florin, Hanne, Marion, Susanne, Tianna und Wolf.

Der Freischaltecode lautet:

11058

IMPRESSUM

PRODUKTMANAGEMENT: Hannelore Irmer-Romeo

FOTOS: istockphoto: S. 17, 34 © People Images; S. 22 © nensuria; S. 55 © Anthia Cummings; S. 71 © apichon_tee; S. 93 © Portra; S. 116 © Xsandra | Fotolia: S. 18 © Eléonore H | Unsplash: S. 6 © Phil Goodwin; S. 8 © aussieactive; S. 46 © Tyler Nix; S. 73 © floortwelve; S. 127 © Brigitte Tohm; S. 128 © John Jennings | Ben Betz: S. 14, 15; | lichtpunkt, Michael Ruder, Stuttgart: S. 2, 28 | Manuel Strehl, CCBY-SA3.0DE: S. 10, 11 oben; CCBY-SA3.0DE: S. 11 unten | alle anderen Fotos: Gabriele Betz

ILLUSTRATIONEN UND ÜBUNGSBLÄTTER: S. 13, 63, 81, 83, 89, 90, 105, 114, 124, 125, 142: Ludmila Blum, Bunte Galerie; S. 131: Frau Annika

DRUCK UND BINDUNG: Livonia Print SIA, Lettland

1. Auflage 2018

ISBN 978-3-7724-4912-3 • Best.-Nr. 4912